一杯蔬果汁
喝出大健康

曹军 孙平 主编

U0314027

江苏凤凰科学技术出版社　凤凰含章

图书在版编目（CIP）数据

一杯蔬果汁喝出大健康 / 曹军，孙平主编 . -- 南京：
江苏凤凰科学技术出版社，2015.8

ISBN 978-7-5537-4929-7

Ⅰ . ①一… Ⅱ . ①曹… ②孙… Ⅲ . ①蔬菜－饮料－
制作②果汁饮料－制作Ⅳ . ① TS275.5

中国版本图书馆 CIP 数据核字 (2015) 第 148720 号

一杯蔬果汁喝出大健康

主　　　编	曹　军　　孙　平
责 任 编 辑	樊　明　　葛　昀
责 任 监 制	曹叶平　　周雅婷

出 版 发 行	凤凰出版传媒股份有限公司 江苏凤凰科学技术出版社
出版社地址	南京市湖南路 1 号 A 楼，邮编：210009
出版社网址	http://www.pspress.cn
经　　　销	凤凰出版传媒股份有限公司
印　　　刷	北京旭丰源印刷技术有限公司

开　　　本	718mm×1000mm　1/16
印　　　张	12.5
字　　　数	200千字
版　　　次	2015年8月第1版
印　　　次	2015年8月第1次印刷

标 准 书 号	ISBN 978-7-5537-4929-7
定　　　价	29.80元

对症调理的
神奇蔬果汁

随着社会经济的不断发展，人们的生活节奏越来越快，压力大、生活不规律、饮食结构失衡等问题愈发凸显，随之而来的健康问题也成了人们普遍关注的焦点。生活水平提高后，多油多盐、大鱼大肉的食品成了餐桌上的主角，如今的人们早已不缺乏营养，欠缺的是营养均衡。压力、加班、熬夜等不健康因素无处不在，怎样才能把不健康的生活过得健康一些呢？蔬果汁可以帮助人们解除烦恼。

每种蔬菜和水果都有各自独特的营养价值，有的富含人体必需的各种维生素；有的能为人体提供充足的矿物质；有的含有丰富的膳食纤维，能使人产生饱腹感并降低胃肠对油脂的吸收；有的则富含抗氧化物质，能令身体更年轻。但是，单一食用某一种蔬果，不仅味道欠佳，而且营养单调。混合调制的蔬果汁，口味更有层次感，营养也更加丰富。适量饮用蔬果汁，可以起到强身健体、辅助治疗疾病的作用，可以对很多不适症状进行有效的调理。

本书精选了近百种蔬果，按照各自的营养功效进行搭配，分别从调理五脏、消灭常见小毛病、调理妇科病、护理心脑血管，以及满足特殊人群的特殊需要等方面，定制了近300款蔬果汁，再配以精美图片和各种蔬果的知识介绍，图文并茂、通俗易懂、简单易操作。既能满足大众的普遍需要，也能为孕妇、烟民、酗酒者、外食族等特殊人群提供有针对性的帮助。

在闲暇之余，亲自动手调制一杯蔬果汁，不仅是慢生活的享受，更是对自己和家人健康负责的生活态度。自此开启一场芬芳多彩的蔬果汁盛宴，度过有汁有味的健康人生。

Contents | 目录

01

调五脏，
打好健康的基础

02

抗疲劳，
消灭常见小毛病

03

补血抗衰老，
调理妇科病

阅读导航

我们在此特别设计了阅读导航这个单元，对内文中各个部分的功能及特点逐一作出说明。衷心希望可以为你在阅读本书时提供最大的帮助。

1 基础知识

关于本书主题最基础的知识，都浓缩在短短几个小节之中，通俗易懂，让你在阅读正文前做好知识储备，有利于快速掌握想要学习的内容。

标题与概述

清晰地标示出本小节的主题，并用简短明了的文字概括出本节想要传达的知识内容。

权威正文

合理的知识结构、权威的内容、深入浅出的文字表述方式，使你一看就懂、一学就会。

2 成品展示

展示蔬果汁的原料、做法、功效解读，再配以绚丽的成品彩色照片，使你完全掌握。

彩色照片

高分别率、精心布景、色彩绚丽的蔬果汁图片，在让你直观地学习制作蔬果汁的同时，更感受到生活的美。

贴心提示小表格

在每一款蔬果汁的图片下都会列举出制作本款产品时所需的时间和成本，我们力争做到更贴心。当然，由于人的动作有快慢、各地的物价有差异，数据难免会有出入，仅作参考。

3 重点展示

将某些蔬果汁作重点推荐，照片更大、说明更详细、链接知识更丰富。

更精美照片

选取更大、更清晰、更精美的照片展示此款蔬果汁，让你阅读感受更高级，视觉冲击力更强大。

文字描述

更多的文字描述，更详尽的功效解读，带来更多的知识、更多的健康，让你喝得更放心、喝得更明白。

爱心贴士

选取本款蔬果汁中的一种原料做图文解说，爱心贴士、爱心知识链接。

胡萝卜梨汁

制作时间：6分钟　制作成本：3元

◆ 原料
胡萝卜 —————— 半根
梨 —————— 1个
水 —————— 200毫升

◆ 做法
1. 将胡萝卜洗净，去皮，切成块状。
2. 将梨洗净，去核，切成块状。
3. 将切好的胡萝卜、梨和水一起放入榨汁机中榨打成汁。

◆ 功效解读
胡萝卜加梨能促进肠蠕动，利肠通肠，通便防癌；梨有生津止渴、益脾止泻、和胃降逆的功效，常吃能清热消痰，增强心肌活力，保肝、降血压，故此果汁能帮助调节压强度，减轻疲劳。

爱心贴士

梨富含膳食纤维，能促进肠蠕动，所含的糖类和膳食纤维素，对肝脏有一定的保护作用。此外，梨还有润肺清爽、化痰化痰、养血生肌的功效，适合秋季时为缓解干燥而食用。

50　一杯蔬果汁喝出大健康

4 超值附录

在全书的最后部分，从本书中所有蔬果汁所涉及到的蔬果原料中选取重点，逐一做单品解读，与正文相得益彰，前后呼应，超值大放送。

附录二：蔬果汁中的水果图鉴

苹果
健脾消食　生津止渴

主要成分：维生素C、糖类、果胶、纤维素、维生素B族及维生素等。

选择与保存：选择果肉有弹性的，像上有条纹且比较多、色红艳的，可用家庭中果袋的容器保存、选藏，未隔均匀。

柠檬
化痰止咳　祛暑生津、解渴

主要成分：维生素C、糖类、钙、磷、铁、维生素B、维生素B族、柠檬酸、苹果酸等。

选购与存储：好的柠檬，个头小中等；果形椭圆。表皮的突起比较光、纹理细致均匀；成熟柠檬的香气；具有浓郁的香气，完整的柠檬在室温条件下一般可以保存1个月左右。切开的柠檬只要用保鲜膜包好放入冰箱即可。

草莓
润肺生津、健脾和胃、解除消暑、解热消毒

主要成分：氨基酸、果糖、原糖、葡萄糖酸、柠檬酸、苹果酸等。

选购与保存：不要买实的草莓，因为畸形草莓可能是由于植生过程中使用膨大素造成的，长期大量食用也带了草莓，有可能引人不利健康。草莓最佳的储存时候虽然把汰吃C但不储藏的水解内。

猕猴桃
清中理气、生津润肠、解热降燥

主要成分：丰富的维生素C、维生素E以及钙、钾、镁、纤维素、胡萝卜素、黄体素、氨基酸、天然肌醇等。

选购与存储：选酸硬实一些要选头尖头尖尖实的。而不要选择成熟捏的猕猴桃，因为这会让捏着在潮风处，这样水分会流失，就会蒸草腐、影响口感、正确的贮藏方法是放在袋子里。

梨
清热生津，让你光泽

主要成分：蛋白质、脂肪、糖类、粗纤维、钙、磷、铁、胡萝卜素、维生素B、维生素C等。

选购与存储：选大小适中，果肉薄细、光泽鲜嫩、果肉甜嫩，无虫害及迹色者，将新鲜梨用2～3层软纸一一个分别包好，将带个包好的梨装入纸箱、再按这种向内的蔬菜摆一周后取出未入特包装纸，装入塑料袋中，不扎口，再放入冰箱可保鲜3个月。

葡萄
补血、利肠胃、健脾和胃醒酒、益气温水肌、水便

主要成分：葡萄糖、果糖、蛋白质、氨基酸、酒石酸、多种维生素，以及钙、磷、铁、钾等物质。

选购与存储：新鲜的葡萄表面有一层白色的果霜，用手一提就会掉，所以你白葡萄的果可用去掉梗挑选时搭剪下了、贮藏时可放入保鲜袋中，存放在冰箱内即可。

菠萝
清热止咳，消食止泻

主要成分：膳食纤维、葡萄糖、磷、柠檬酸和蛋白酶等。

选购与存储：挑选果实呈圆色形色，香、味三分圆、果实有硬、沉掉，没有青气的酒渣不坚实软、色泽已经出来的，果格型软、温比沉浸完整的便及成熟的果实；一次果买来切了、如果有了浸泡出就没用了已经吃腻。已切开菠萝参可用保鲜袋包好，放在冰箱里，但存放最好不要超过2天。

葡萄柚
蓝青组织细胞、增加活力、改善水肿

主要成分：叶酸、锌、维生素、维生素C以及可溶性纤维素等。

选购与存储：选择果实饱满、紧致的，这样的葡萄柚往往熟得够、同也易多汁，挑选时葡萄柚的表皮已经较为结实、呈黄色而新润的，都不会影响其食用价值的口感。若干果色，若者身不圆实的，感觉沉厚实实的，就代表果肉含量丰富。

194　一杯蔬果汁喝出大健康

196

蔬果汁的保健功效

蔬果汁是采用蔬菜和水果制成的饮品，只要合理饮用就会具有很多有益人体的功效，如排毒养颜、调理亚健康及一些常见的慢性病等。需要注意的是，蔬果汁在制作时，一定要依配方选购材料，最好选购成熟、果肉饱满的蔬果，并且尽可能选购有机蔬果。若非有机蔬果，则务必削皮后再使用。

补充多种纯天然营养素

科学研究表明，饮用单一蔬果汁，可以最大限度地吸收该蔬果所含的营养。如果将两种或两种以上的蔬果混合榨成汁，可以同时吸收多种蔬果的营养素，如维生素、蛋白质、矿物质等，能够补充人体所需的营养，提高活力。将香蕉榨汁饮用，能强健肌肉、通便利尿、增强活力。而将葡萄、香蕉混合榨汁饮用，能同时补充糖类、纤维素等多种营养素，还可以消除烦躁、缓解疲劳、增强人体免疫力，营养更加全面。

促进发育，健康成长

蔬果汁中含有多种营养成分，被人体吸收之后能促进人体的生长发育，尤其适合婴儿和青少年。如果让他们乖乖地吃下蔬菜和水果比较困难，就可以尝试榨汁给他们饮用。例如，西红柿就特别适合生长发育期的婴儿食用，因为它除了含有膳食纤维，还含有丰富的番茄红素、维生素、有机酸和酶。这些营养素对婴儿的生长发育都是非常重要的，还能促进婴儿的牙齿生长。

消脂瘦身，远离肥胖

蔬果中含有丰富的膳食纤维，能吸收人体内的水分、脂肪和无机物等，促进肠道蠕动，缩短粪便在体内的停留时间。不仅能通利大便，还能让人产生饱腹感，避免摄入过多热量。而且，蔬果汁中的营养素非人工合成，属于天然营养素，热量较低，能够帮助燃烧人体内多余的脂肪，具有一定的减肥功效。即使本身并不肥胖的人也可以多喝蔬果汁，有助于保持身形，远离肥胖。

美容养颜，改善气色

人体的血液多偏酸性，如果长期得不到保养，皮肤就会随着时间的推移变得松弛、老化、粗糙，体内的废弃物和毒素会长期积存，这样人会很快衰老。而蔬果汁含有丰富的纤维素，可调节人体血液的酸碱平衡，保护消化系统，促进新陈代谢。代谢功能增强后，促使积存的垃圾和毒素较快地随着粪便排出体外，这样皮肤自然细腻有光泽、气色红润，整个人都会神清气爽。

舒缓压力，放松身心

现代社会竞争激烈，上班族面临着巨大的工作压力。蔬果汁中含有多种多样的维生素、矿物质，这些都能够调节大脑和神经系统，增强人们的抗压和抗病能力，缓解人们由于紧张、压力过大而产生的抑郁、情绪低落、身体不适等身心病痛。例如芹菜汁，就能安定情绪、舒缓内心的焦虑和压力；夏天，多喝一点柳橙汁不仅能消暑止渴，也能起到舒缓疲劳的作用。

在此我们介绍一款"香酸苹果亮眼饮"，以飨读者。准备柠檬1/4个、苹果1个、薄荷8克、西芹25克。先将苹果洗净，去皮、去核，切块；薄荷洗净；西芹洗净，切段；柠檬放在压汁机中压汁备用。再将苹果、薄荷和西芹一起放入榨汁机中榨汁。最后在榨好的蔬果汁中加入柠檬汁调匀即可。这款蔬果汁是舒缓压力的佳品，而且还可以缓解视觉疲劳，很适合平日坐在办公室中的白领饮用。因为苹果和薄荷的香味都具有使人放松心情的功效，而且西芹中富含的膳食纤维可以促使人体排出毒素。

防治慢性病，延缓衰老

蔬果中含有丰富的纤维素，能够降低人体血液中的胆固醇，稳定并降低血糖量，防治心脑血管疾病。同时，还有不少蔬果含有抗氧化剂，能够抑制癌细胞的形成，防止胆固醇被氧化，可以在一定程度上对癌症起到预防的作用。还有一些蔬果汁能有效地清除体内的自由基，防止氧化和衰老，具有延年益寿的功效。

如果将蔬果榨成汁，就可以更好地发挥各种蔬果的抗氧化作用。比如葡萄中含有的葡萄多酚就是一种抗氧化剂，可以阻断游离基因增生，具有抗衰老的功效。将葡萄与西芹、菠萝混合榨汁，能够降低胆固醇，防治心脑血管疾病。

蔬果汁广受人们的喜爱，不仅是因为它具有那么多的神奇功效，关键是蔬果汁还具有美味的口感和鲜艳的颜色，实在是一种色、香、味俱全的养生佳品。

蔬果的四性、五味及五色

蔬果的种类繁多，属性各异，初次涉及者难免眼花缭乱。本节我们就从中医的角度出发，将大量的蔬果按照四性、五味、五色的标准分类，每种类别的蔬果均具有一定的共性，以便读者从总体上对蔬果有一个大概的认识和掌握。

蔬果的四性

"四性"又被称为四气，即寒、凉、温、热。其中，寒性和凉性的蔬果具有一定的共性，温性和热性的蔬果具有一定的共性，它们的区别只是在作用大小方面有所不同而已。一般来说，寒凉性的蔬果具有清热降火、解暑除燥的功效，能消除或减轻人体热症，适合容易口渴、怕热、喜欢冷饮的人食用；温热性的蔬果具有温中补虚、消除或减轻寒症的功效，适合怕冷、手脚冰凉、喜热饮的人食用。此外，还有一些蔬果因其属性平和，而被称为平性，这种蔬果大多具有健脾、开胃和补益身体的作用。根据上面的表述，我们不难发现，所谓的四性，实际上是以吃完蔬果或者食物后人体的反应为标准来划分的。下面就对四性蔬果作一举例说明。

❶ 寒性：西瓜

❷ 凉性：冬瓜

❸ 温性：香菜

❹ 热性：芒果

蔬果的五味

"五味"即辛、甘、酸、苦、咸，"五味"的作用在于"辛散、酸收、甘缓、苦坚、咸软"。中医认为五味入于胃，分走五脏，以对五脏进行滋养，使其功能正常发挥，不同的蔬果对脏腑的选择性迥异。具体说来，辛味蔬果对应肺脏、酸味蔬果对应肝脏、甜味蔬果对应脾脏、苦味蔬果对应心脏、咸味蔬果则对应肾脏。五味蔬果虽各有好处，但在食用时也要注意均衡，过食或偏食某一味，对人的身体都会造成负面影响，要依据不同体质来食用。如体质本属燥热的人辛味食得太多，便会出现咽喉痛、长暗疮等症状。

☺ 五味蔬果举例

❶ 辛味蔬果：葱、辣椒、洋葱、大蒜、白萝卜、青椒、香菜、生姜等。
❷ 甘味蔬果：山药、红薯、香蕉、草莓、梨、白菜、莲藕、冬瓜、菜花、椰子、荔枝等。
❸ 酸味蔬果：西红柿、山楂、石榴、乌梅、猕猴桃、橄榄、蓝莓、桑葚、葡萄柚、柠檬等。
❹ 苦味蔬果：苦瓜、芥蓝、芦荟、苦菜、蒲公英、莴笋叶、芹菜叶、莲子、菊花等。
❺ 咸味蔬果：海带、紫菜、香菇、海苔、黑木耳、海藻等。

蔬果的五色

中医认为，蔬果也分"五色"，即红、绿、黄、白、黑5种颜色。各种颜色的蔬果都有其独特的营养价值以及适宜人群。现代医学认为，蔬果富含多种维生素和矿物质，还含有多种有益于人体健康的营养素。由于这些营养素的类别、含量有差异，因而才会显现出多种多样的颜色。

红色蔬果包括苹果、胡萝卜、山楂、红薯、西红柿等，入心经。红色蔬果富含胡萝卜素、番茄红素、丹宁酸等营养物质，可以有效地保护细胞、增强抵抗力、缓解人体衰老；还能够促进人体血液循环，缓解抑郁、焦躁的心情，舒缓疲劳，使人心情放松、精神振奋、活力充沛。

绿色蔬果主要有黄瓜、苦瓜、猕猴桃、西蓝花等，入肝经。绿色蔬果富含植物纤维素，可促进人体内消化液的形成，保护人体消化系统，促进肠胃蠕动，防治便秘。绿色蔬果还富含叶酸，能够调节人体新陈代谢，保护心脏健康。绿色蔬果中的类黄酮和铁，可以减轻氧化物对脑部的侵害，延缓脑部衰老。

黄色蔬果包括菠萝、杏、香蕉、南瓜等，入脾经。其含有丰富的维生素和矿物质，可以强化人体的消化与吸收功能，增强食欲，清理肠胃中的垃圾，保护肠胃，防治胃炎、胃溃疡等疾病。黄色蔬果富含的维生素C、胡萝卜素可以防止人体内的胆固醇被氧化，减少心血管疾病的发病率，还能降低糖尿病患者体内胰岛素的抗阻性，稳定血糖。

白色蔬果主要有百合、冬瓜、菜花、山药、梨等，入肺经。白色蔬果富含铜等微量元素，可以促进胶原蛋白的形成，强化血管与皮肤的弹性。白色蔬果还含有血清促进素，可以稳定情绪、消除烦躁、缓解疲乏、清热解毒、润肺化痰。

黑色蔬果主要有紫葡萄、蓝莓、茄子、紫甘蓝等，入肾经。黑色蔬果含有多种氨基酸和微量元素，能够减轻因动脉硬化使血管壁受到的损害。此外，还能防止肾虚，通利关节，可明显减少动脉硬化、肾病、冠心病、脑中风等疾病的发生概率。黑色蔬果中丰富的铁元素，可以有效增加血液中的含氧量，加速体内多余脂肪的燃烧，有利于瘦身美容。

☺ 五色蔬果适宜人群表

❶ 红色蔬果适合心气虚弱、免疫力低下、容易心悸、失眠多梦的人群食用。

❷ 绿色蔬果适合体内毒素积存过多、处于生长发育期的未成年人以及过于肥胖的人群食用。

❸ 黄色蔬果适合食欲不振、处于更年期以及骨质疏松的患者食用。

❹ 白色蔬果适合患有高血压、心脏病、高脂血症、脂肪肝等疾病的患者长期食用。

❺ 黑色蔬果适合肾虚的人，以及气管炎、咳嗽、肾病、贫血、脱发、少白头等患者食用。

自制蔬果汁的常用工具

　　要想制作出营养丰富、味道鲜美的蔬果汁，当然离不开制作工具的帮忙。根据蔬果本身的不同性质，选择适宜的制作工具，是做好蔬果汁的前提和基础。本节主要介绍在自制蔬果汁时经常会用到的一些工具。

榨汁机

♥ 适用范围
· 适用于那些纤维较细的蔬果，比如香蕉、桃、哈密瓜、葡萄、芒果、西红柿、菠菜、白菜等。因为在榨汁的过程中，这些蔬果会留下细小的食物纤维或者果渣，过滤后的果汁浓厚、黏稠。

✚ 使用方法
· 把蔬果洗净后，将皮、子去掉，切成可以放入给料口的大小。
· 放入材料后，将杯子或容器放在出口下面，再把开关打开，机器会开始运作，同时再用挤压棒往给料口挤压，加水搅拌。所有的材料不要超过榨汁机的1/2。
· 纤维多的食物应直接榨取，不要加水，采用其原汁即可。搅拌的时间最好不要超过2分钟。

♦ 清洗方法
· 使用后立刻清洗，先取出搅拌杯，在水里浸泡后立刻冲洗干净。
· 榨汁机内的钢刀最好用刷子刷洗干净。
· 所有的物品一定要晾干后再存放。

压汁机

♥ 适用范围
· 适用于制作柑橘类水果的果汁，例如橙子、柠檬、葡萄柚等。

✚ 使用方法
· 将水果横切。
· 将切好的水果放在压汁机上。
· 下压、左右转动，挤出汁液。

♦ 清洗方法
· 使用完应马上用清水清洗。压汁处因为有很多缝隙，所以需用海绵或软毛刷清洗残渣。

搅拌棒

♥ 适用范围
· 底部有勺子的搅拌棒，适用于搅拌各类果汁。
· 底部没有勺子的搅拌棒，适合用来搅拌没有溶质或者是溶质较少的果汁。

✚ 使用方法
· 待果汁倒入杯中后，直接用搅拌棒搅匀即可。

♦ 清洗方法
· 搅拌棒使用完后立刻用清水洗净，晾干存放。

磨钵

❤ **适用范围**　· 适用于制作卷心菜、菠菜等叶茎类食材的蔬果汁。此外，像葡萄、草莓等质地柔软、水分多的水果，也可用磨钵制作。

✚ **使用方法**　· 将材料切细，放入钵内，再用研磨棒研磨；磨碎之后，用纱布包起将其榨干。

· 在使用磨钵前，要先将材料、磨钵及研磨棒上的水分拭干。

💧 **清洗方法**　· 用完后，立即用清水清洗并擦拭干净。

砧板

❤ **适用范围**　· 一般蔬果都适合用塑料砧板来切，如梨、西瓜、柚子、黄瓜、白菜等。

✚ **使用方法**　· 切蔬果类的砧板和切肉类的砧板要分开。

💧 **清洗方法**　· 塑料砧板每次用完后，要用海绵蘸清洁剂清洗干净并晾干。

· 清洗的过程中水温不要太高，以免砧板变形。

水果刀

❤ **适用范围**　· 水果刀多用于削水果、蔬菜等食品。

✚ **使用方法**　· 家里的水果刀最好是专用的，不要用来切肉类或其他食物，也不要用其他刀具来削水果和蔬菜，以免细菌交叉感染，危害人体健康。

💧 **清洗方法**　· 每次用完水果刀后，应用清水清洗干净，晾干，然后放入刀套。

· 如果刀面生锈，可滴几滴鲜柠檬汁在上面，轻轻擦洗干净。用这种方法除锈，既清洁、消毒又安全，无任何副作用。

· 切勿用强碱、强酸类化学溶剂洗涤水果刀。

勺子

❤ **适用范围**　· 有一些水果的果皮用刀并不好处理，它们的果皮不是太硬就是太软。这时候，就可以选择勺子来最大限度地取出果肉。

✚ **使用方法**　· 比如猕猴桃，可以先将首尾两端横切一下，再用一把小勺子从横切面里面转一圈，就可以把剩下的果肉都取出来，这样比起用刀或者用手去掉果皮要方便得多。

💧 **清洗方法**　· 每次用完勺子后，应用清水清洗干净，晾干，然后置于通风处保存即可。

自制蔬果汁的注意事项

蔬果汁固然健康美味，但如果在制作中走进误区的话，也许还会起到适得其反的作用，损害身体健康。如有些果皮中会有残留的农药和污染物，如果以其为原料贸然食用，严重时可能会引起慢性中毒。下面就阐述一些在制作蔬果汁中需要注意的问题。

☺ 自制蔬果汁步骤

第一步
先将蔬果清洗干净，除去不能食用的部分，例如果皮、果核等，再切成2厘米左右的方块即可。

第二步
将过滤网装在榨汁机里面，盖上机盖，将顶上的量杯拿开，放入切好的蔬果等食材。

第四步
将榨好的蔬果汁倒入杯子里，然后再加入柠檬汁、蜂蜜、冰块等调味品即可。

第三步
使用相应的工具把材料稍微往下按一下，再加入适量的水，开始榨汁。

选用新鲜时令蔬果

新鲜时令蔬菜、水果营养价值高，味道也会更好。反季蔬果多产自大棚，经过某种催熟剂催熟，因此会残留有害物质，不利于人体健康。

慎重去果皮

蔬果的维生素与矿物质多在其果肉中。有些蔬果表面会残留一些蜡质或农药，如猕猴桃、瓜类、荸荠、柿子、土豆等。用这些蔬果榨汁时，为健康起见，应去掉果皮。相反，有些蔬果的果皮含有某些对人体有益的营养成分，如苹果、葡萄等。食用时，在清洗干净的前提下，最好保留果皮。

快速榨汁

很多蔬果中的维生素在蔬果被切开后或多或少都会有所流失，因而榨汁时应快速操作。将各种材料放入榨汁机后，动作应干净利索，尽量在短时间内完成整个制作过程。不过，有些蔬果则需要浸泡一段时间，如菠萝等，可提前泡好再榨汁。

现榨现饮

新鲜蔬果汁中含有丰富的维生素等营养成分，长时间放置容易受到光线以及空气氧化作用的影响，造成蔬果汁中营养素的流失，降低其营养价值。因此，为了更好地吸收蔬果汁中的营养成分，发挥蔬果汁的功效，应尽量现榨现喝，最好在30分钟之内饮用完。实在有剩余的话，应用保鲜膜封好，放置在冰箱中储藏。此外，在饮用的时候，应小口慢饮，细细品尝，才能更好地吸收其营养素。若豪爽痛饮，会导致过多糖分进入人体血液中，增加血糖含量，损害人体健康。

蔬果汁的调味剂

不少蔬菜和水果中都含有一种酶，当这类蔬果与其他蔬果搭配后，就会损耗其他蔬果中的维生素C，降低蔬果汁的营养。而热性或酸性物质则是这种酶的克星，所以在榨汁时就可以用某些酸性物质搭配，如柠檬就可以保护其他蔬果中的维生素C免受破坏。

有些蔬果汁营养丰富，只是味道苦涩，如苦瓜汁等。制作时，可以加入适量冰块，既能调味，又能减少蔬果汁的泡沫，还能抗氧化。

在添加调味剂的时候，很多人还喜欢用糖来增加蔬果汁的口感，但是糖在分解的过程中会使蔬果汁中的B族维生素流失，降低蔬果汁的营养价值；而且，蔬果汁属于低热量饮品，加糖之后会增加其中的热量，影响人们正常的食欲。所以，在自制蔬果汁的时候千万不要放糖。如果觉得蔬果汁不够爽口，可以用一些味道比较甜的水果，例如香瓜、菠萝等作为配料调和；或者直接在蔬果汁中加一点蜂蜜来改善口感。比如苦瓜生姜汁，富含苦瓜苷和苦味素，具有健脾开胃的功效，但味道却较为苦涩，这时加上一点蜂蜜就可以改善口感，使其老少皆宜。

混搭更爽口

将不同的蔬菜、水果混合起来榨汁，营养更为全面，口感也更好。比如单一的柠檬汁过于酸涩，可以加入苹果，这样能同时吸收两种水果的营养，而且味道也不会很酸。

不要过分加热

如果在冬天要喝蔬果汁，或者想用蔬果汁来治疗感冒、发冷，或者用来醒酒的话，最好将蔬果汁加热。加热蔬果汁的方法：一种是在榨汁的时候加入温水，这样榨出来的果汁就是温的；一种是将装有蔬果汁的杯子放到温水中加热到接近人的体温即可，这样既能保证营养，还容易被人体吸收。

渣滓不要丢掉

榨出的蔬果汁在营养成分上不会有所减少，但是却很容易出现植物纤维丢失的情况。植物纤维对人体具有重要的作用，能润肠通便，降低血糖、血脂等。所以，蔬果在榨汁后最好连同剩余的固体渣滓一起吃掉。

调五脏，
打好健康的基础

　　五脏即心、肝、脾、肺、肾，是人体生命的核心器官，其中心主血脉、肺主气、肝主生发、脾主运化、肾主藏精，各显其能，缺一不可。通气血、安五脏，是促发生命机体活力的根本措施，也是身体健康的基础。调养好五脏、清除掉体内暗藏的毒素，可让各个脏腑组织良好地协力运作，从而达到祛除百病、延年益寿的目的。本章汇集了80款蔬果汁，分别对应五脏进行调理，以飨读者。

⊕ 制作时间：7分钟　　✖ 制作成本：4元

卷心菜苹果汁

♣ 原料

卷心菜 ·························· 150 克
苹果 ·····························半个
芹菜 ·····························30 克
水、柠檬汁各适量

● 做法

1. 将卷心菜洗净，切丝；芹菜洗净，切段；苹果洗净，去皮、去核，切小块。
2. 将卷心菜、苹果和芹菜放入榨汁机中，加入水榨成汁。
3. 将榨好的蔬果汁滤渣后倒入杯中，加入柠檬汁搅匀即可。

✖ 功效解读

卷心菜、苹果、芹菜均富含膳食纤维，能刺激肠胃蠕动。故本品能强健脾胃、有助消化。

胡萝卜苹果酸奶

♣ 原料

胡萝卜 ·····························半根
苹果 ·····························半个
酸奶 ·························· 200 毫升

● 做法

1. 将苹果洗净，去皮、去核，切块；胡萝卜洗净，切块。
2. 将切好的胡萝卜和苹果一起放入榨汁机中，加入酸奶榨汁即可。

✖ 功效解读

胡萝卜能够健脾和胃；苹果含有果胶，具有助消化、促排便的功效；酸奶能有效地调节肠道菌群，帮助消化吸收食物。此款蔬果汁能够维护肠道健康，健胃消食。

⊕ 制作时间：5分钟　　✖ 制作成本：4元

黄瓜生姜汁

♣ 原料

黄瓜 ······················· 半根
生姜 ······················· 5 克
水 ······················· 200 毫升

♦ 做法

1. 将黄瓜洗净，切成块状；生姜洗净，去皮，切成块状。
2. 将切好的黄瓜和生姜一起放入榨汁机中，加入水榨成汁即可。

✖ 功效解读

黄瓜口味甘甜，含有的膳食纤维能够促进肠胃蠕动；生姜具有健胃、增进食欲的作用，对胃病亦有缓解或止痛作用。此款蔬果汁能够维护肠胃健康，增强食欲。

🕐 制作时间：6分钟   ✖ 制作成本：2元

猕猴桃柳橙汁

♣ 原料

猕猴桃 ······················· 2 个
柳橙 ······················· 1 个
水 ······················· 200 毫升

♦ 做法

1. 将猕猴桃和柳橙分别去皮，切成块状。
2. 将切好的猕猴桃和柳橙一起放入榨汁机中，加入水榨汁即可。

✖ 功效解读

猕猴桃含有丰富的膳食纤维，能够润燥通便，可预防和治疗便秘；柳橙中的纤维素和果胶物质，可促进肠道蠕动。此款蔬果汁能够促进肠胃健康。

🕐 制作时间：8分钟   ✖ 制作成本：5元

双花汁

🕐 制作时间：12分钟　　✂ 制作成本：3元

☘ **原料**

菜花、西蓝花······················各100 克
水 ·····································30 毫升

♦ **做法**

1. 将菜花、西蓝花均洗净，切小朵，浸入盐水10分钟，捞出后用清水冲洗干净，沥干水分，备用。

2. 将菜花、西蓝花一起放入榨汁机中，再加入水榨汁即可。

✄ **功效解读**

菜花和西蓝花都是十字花科甘蓝属植物，只是属于不同变种。它们的营养都很丰富，含有蛋白质、脂肪、碳水化合物、多种维生素和矿物质，尤其是富含膳食纤维，食后极易消化吸收，特别适宜中老年人、儿童和脾胃虚弱、消化功能不强者食用。故此款蔬果汁具有很好的强健脾胃的功效。

爱心贴士

　　西蓝花可以预防胃癌，因为它可以有效杀死导致胃癌的幽门螺旋杆菌。西蓝花富含的类黄酮是很好的血管清理剂，能够阻止胆固醇氧化，防止血小板凝结，从而减少患心脏病与中风的危险。

猕猴桃可乐汁

♣ 原料

猕猴桃 ……………………………… 2 个
可乐 ……………………………… 200 毫升

♦ 做法

1. 将猕猴桃洗净，去皮，切成块状。
2. 将切好的猕猴桃放入榨汁机中，加入可乐榨汁即可。

✖ 功效解读

猕猴桃含有较多的膳食纤维、寡糖和蛋白质分解酵素，可快速清除体内堆积的有害代谢产物，能防治大便秘结、结肠癌及动脉硬化，还有治疗食欲不振、消化不良的功效。故此款蔬果汁能加强肠胃功能，促进消化。

🕐 制作时间：5分钟　　✖ 制作成本：7元

🕐 制作时间：10分钟　　✖ 制作成本：12元

苹果葡萄柚汁

♣ 原料

苹果 ………………………………半个
葡萄柚 ……………………………… 1 个
水 ……………………………… 200 毫升
蜂蜜适量

♦ 做法

1. 将苹果洗净，去核，切成块状；葡萄柚洗净，去皮去子，切成块状。
2. 将切好的苹果和葡萄柚一起放入榨汁机中，加入水榨汁。
3. 将蔬果汁倒入杯中，加蜂蜜搅匀即可。

✖ 功效解读

葡萄柚口感酸甜，含有的膳食纤维能够促进肠胃蠕动，有健脾消食的作用；苹果、蜂蜜均可促进肠胃蠕动。故此款蔬果汁能够强健脾胃，解暑止渴。

李子酸奶汁

♣ 原料

李子……………………………………6 个

酸奶……………………………… 200 毫升

♦ 做法

1. 将李子洗净，去核。

2. 将准备好的李子放入榨汁机中，加入酸奶榨汁即可。

✖ 功效解读

李子味酸，能促进胃酸和胃消化酶的分泌，具有增加肠胃蠕动，促进消化，增加食欲的功效，是食后饱胀、大便秘结者的食疗良品。此款蔬果汁能帮助消化，增进食欲。

⏱ 制作时间：5分钟　✖ 制作成本：6元

葡萄柚菠萝汁

♣ 原料

葡萄柚 ……………………………200 克

菠萝……………………………… 100 克

水 ………………………………… 200 毫升

♦ 做法

1. 将葡萄柚和菠萝分别去皮，切成块状。

2. 将切好的葡萄柚和菠萝一起放入榨汁机中，加入水榨汁即可。

✖ 功效解读

葡萄柚中的酶能避免人体摄取过多的脂肪；菠萝中所含的蛋白质分解酶可以分解蛋白质及助消化。此款蔬果汁能够健胃消食。

⏱ 制作时间：10分钟　✖ 制作成本：7元

木瓜卷心菜牛奶

♣ 原料

木瓜·····························1 个
卷心菜·························100 克
牛奶·····························200 毫升

● 做法

1. 将木瓜去皮、去瓤，洗净，切成块状；将卷心菜洗净，切碎。
2. 将切好的木瓜和卷心菜一起放入榨汁机中，加入牛奶榨汁即可。

✖ 功效解读

木瓜能够健脾胃、促消化；卷心菜能抑菌消炎，对咽喉疼痛、胃痛、牙痛有一定的作用；牛奶能够补气血、益脾胃、生津润肠。此款蔬果汁能够强健脾胃、促进消化、预防肠道老化。

🕐 制作时间：9分钟 　 ✖ 制作成本：13元

火龙果汁

♣ 原料

火龙果·····························1 个
水·································200 毫升

● 做法

1. 将火龙果去皮，切成块状。
2. 将火龙果放入榨汁机中，加入水榨汁即可。

✖ 功效解读

火龙果中不仅含有能够解毒、对胃壁有保护作用的植物性白蛋白，还含有有助于胃肠蠕动，对于便秘具有辅助治疗作用的膳食纤维。此款蔬果汁能够健脾胃、助消化、排宿便。

🕐 制作时间：6分钟 　 ✖ 制作成本：4元

苹果苦瓜牛奶汁

🕐 制作时间：6分钟　　✂ 制作成本：5元

♣ 原料

苹果⋯⋯⋯⋯⋯⋯⋯⋯⋯⋯⋯半个
苦瓜⋯⋯⋯⋯⋯⋯⋯⋯⋯⋯⋯半根
牛奶⋯⋯⋯⋯⋯⋯⋯⋯⋯⋯ 200 毫升

🖐 做法

1. 将苹果洗净，去核，切块；苦瓜洗净，去子，切成薄片。
2. 将切好的苹果和苦瓜一起放入榨汁机中，加入牛奶榨汁即可。

✂ 功效解读

苦瓜含有的苦瓜苷和苦味素可以促进食欲，有清热消暑、补肾健脾的功效；苹果富含果胶和纤维素，二者与牛奶搭配榨汁，能够促进胃肠道蠕动。故此款蔬果汁具有健脾开胃、帮助消化的功效，适合夏季提高食欲时饮用。

爱心贴士

苹果富含膳食纤维，能够增加肠道蠕动，改善消化功能。但苹果中的粗纤维和有机酸会刺激胃肠壁，溃疡性结肠炎以及有胃寒症状者不宜多吃。

洋葱苹果醋汁

♣ 原料

洋葱 ·······················半个
苹果醋 ···················10 毫升
水适量

♦ 做法

1. 剥去洋葱的表皮，切成块状；用微波炉加热30秒，使其变软；在苹果醋中加入水以调节酸度。
2. 将软化过的洋葱放入榨汁机中，再加入苹果醋汁榨汁即可。

✖ 功效解读

洋葱营养丰富，且气味辛辣，能刺激胃、肠及消化腺分泌，增进食欲，可用于治疗消化不良、食欲不振、食积内停等症。此款蔬果汁能够促进食欲，健胃消食。

🕐 制作时间：5分钟　　✖ 制作成本：2元

哈密瓜酸奶汁

♣ 原料

哈密瓜 ·······················200 克
酸奶 ·······················200 毫升

♦ 做法

1. 将哈密瓜去皮、去瓤后切成块状。
2. 将切好的哈密瓜放入榨汁机中，加入酸奶榨汁即可。

✖ 功效解读

哈密瓜中的纤维素和果胶可以促进肠胃的蠕动，富含的维生素亦有利于脾胃；酸奶中含有多种酶，能促进胃液分泌、增强食欲、防止便秘、保护肠道健康。故此款蔬果汁可以强健脾胃。

🕐 制作时间：5分钟　　✖ 制作成本：6元

葡萄柚酸奶汁

♣ 原料

葡萄柚 ……………………………………… 1个
酸奶、水 …………………………… 各200毫升
生姜 ……………………………………… 6克

♦ 做法

1. 将葡萄柚去皮，切成块状；生姜洗净，切成块状。
2. 将准备好的葡萄柚和生姜一起放入榨汁机中，加入酸奶和水榨汁即可。

✖ 功效解读

葡萄柚和生姜均可促进胃酸的分泌，从而起到帮助肠胃蠕动的作用；酸奶中的乳酸菌能够加强肠胃的消化吸收功能。故此款蔬果汁能够增强肠胃蠕动、促进消化。

⊙ 制作时间：6分钟　　✖ 制作成本：7元

山药香蕉牛奶汁

♣ 原料

山药 ……………………………………… 70克
香蕉 ……………………………………… 1根
牛奶 …………………………………… 200毫升

♦ 做法

1. 将山药去皮，洗净，切成块状；将香蕉去掉皮和果肉上的果络，切成块状。
2. 将切好的山药和香蕉一起放入榨汁机中，再加入牛奶榨汁即可。

✖ 功效解读

山药有利于促进消化吸收功能，是一味平补脾胃的药食两用佳品；香蕉可促进肠胃蠕动，使排便顺畅，从而起到排毒瘦身的作用。故此款蔬果汁能够通便排毒、强健脾胃。

⊙ 制作时间：5分钟　　✖ 制作成本：8元

胡萝卜蔬菜汁

🍀 原料

胡萝卜······1根
柠檬······1个
油菜、白萝卜······各60克
苹果······半个
水适量

♦ 做法

1. 将胡萝卜和白萝卜洗净，切成细长条；油菜洗净，切段；苹果、柠檬洗净，切块。
2. 将胡萝卜、白萝卜、油菜、柠檬和苹果一起放入榨汁机内，加水榨成汁即可。

✖ 功效解读

白萝卜可下气、助消化；胡萝卜可补中气、健胃消食；苹果和油菜均含有丰富的膳食纤维，能够促进消化。故此款蔬果汁有助于消化，能强健脾胃。

🕐 制作时间：12分钟　　✖ 制作成本：6元

蔬果核桃仁蜜奶

🍀 原料

芹菜、芦笋······各100克
苹果······半个
牛奶······300毫升
蜂蜜、核桃仁各适量

♦ 做法

1. 将芦笋去根、苹果去核、芹菜去叶，洗净后均切成大小适当的块。
2. 将芦笋、芹菜、苹果和核桃仁放入榨汁机中，再加入牛奶一起搅打成汁，滤出果肉后倒入杯中。
3. 在榨好的蔬果汁中加入蜂蜜，调匀即可。

✖ 功效解读

苹果、芹菜和芦笋的膳食纤维含量都很高；蜂蜜、牛奶和核桃仁均有润肠通便的功效。故本品有健胃消食的作用。

🕐 制作时间：11分钟　　✖ 制作成本：8元

胡萝卜芹菜汁

🕐 制作时间：5分钟　　✖ 制作成本：4元

❧ 原料

胡萝卜·····················2 根
芹菜·····················200 克
卷心菜·····················100 克
水·····················30 毫升
柠檬汁适量

❧ 做法

1. 将胡萝卜洗净，去皮，切块；芹菜连叶洗净，切段；卷心菜洗净，切小片。

2. 将胡萝卜、芹菜、卷心菜一起放入榨汁机中，再加入水榨汁即可。

3. 将榨好的蔬菜汁倒入杯中，加柠檬汁调匀即可。

✖ 功效解读

胡萝卜含有挥发油，能增强消化，开有杀菌作用。芹菜中含有芹菜苷、佛手苷内酯和挥发油，具有降血压、降血脂、防治动脉粥样硬化的作用；还能促进胃液分泌，增加食欲。故本品不仅可健胃消食，还有防治心脑血管疾病的作用。

爱心贴士

　　新鲜的卷心菜含有植物杀菌素，有抗菌消炎的作用，对咽喉疼痛、胃痛、牙痛等有一定的作用。卷心菜还含有某种溃疡愈合因子，能加速创面愈合，是胃溃疡患者的有效食品。多吃卷心菜，还可增进食欲、促进消化、预防便秘。

甜椒芹菜汁

♣ 原料

甜椒……………………………………1个
芹菜……………………………………30克
油菜……………………………………50克
水、柠檬汁各适量

● 做法

1. 将甜椒洗净，去蒂和子；将油菜和芹菜分别洗净，切段。
2. 将芹菜、油菜和甜椒一起放入榨汁机，再加入水榨汁。
3. 将榨好的蔬果汁倒入杯中，加入柠檬汁调匀即可。

✖ 功效解读

甜椒、芹菜和柠檬都含有丰富的维生素和矿物质，和油菜一起榨汁，可以增加食欲、帮助消化。此款蔬果汁有开胃消食的功效。

⏱ 制作时间：8分钟　　✖ 制作成本：4元

⏱ 制作时间：20分钟　　✖ 制作成本：7元

海带豆腐蔬菜汁

♣ 原料

卷心菜、海带、豆腐 …………………… 各30克
西红柿 ………………………………………半个
鲜香菇 ……………………………………… 1朵
水 …………………………………………… 350毫升

● 做法

1. 将卷心菜、西红柿、海带、鲜香菇和豆腐洗净，切小块；再将卷心菜、海带和香菇氽烫至熟。
2. 将卷心菜、西红柿、海带、鲜香菇和豆腐放入榨汁机中，再加入水搅打成汁即可。

✖ 功效解读

海带中含有丰富的纤维素，能够及时地清除肠道内废物和毒素；豆腐和卷心菜能清洁肠胃、帮助消化；西红柿有帮助消化、减少胃胀积食等功效。此款蔬果汁能够促进消化。

莴笋菠萝汁

❀ 原料

莴笋·······················200 克
菠萝·······················45 克
蜂蜜·······················20 毫升
水·························300 毫升

❀ 做法

1. 将莴笋洗净，去皮，切细丝；菠萝去皮，洗净，切小块。
2. 将莴笋和菠萝一起放入榨汁机内，再加水搅打成汁。
3. 将榨好的蔬果汁倒入杯中，再加入蜂蜜调匀即可。

❀ 功效解读

莴笋能够促进消化、宽肠通便；菠萝能够补充人体内消化酶的不足，使消化不良者增强消化机能；蜂蜜能够润肠通便、促进消化。此款蔬果汁能够改善消化不良的症状，强健脾胃。

🕐 制作时间：10分钟　　✖ 制作成本：5元

卷心菜水果汁

❀ 原料

卷心菜·······················100 克
菠萝·······················150 克
柠檬·······················1 个
冰块适量

❀ 做法

1. 将卷心菜洗净，菜叶卷成卷；菠萝去皮，洗净，切块；柠檬洗净，切片。
2. 将卷心菜、菠萝和柠檬放进榨汁机榨汁。
3. 把榨好的蔬果汁倒入放有冰块的杯中即可。

❀ 功效解读

卷心菜富含维生素和膳食纤维，可增进食欲、促进消化、预防便秘；菠萝能开胃顺气、解油腻，能起到助消化的作用，还可以缓解便秘。此款蔬果汁能够强健脾胃，缓解消化不良的症状。

🕐 制作时间：9分钟　　✖ 制作成本：5元

胡萝卜西瓜酸奶

♣ 原料

胡萝卜·······················1根
西瓜······················200克
柠檬·······················半个
冰块、酸奶各适量

♦ 做法

1. 将胡萝卜洗净，去皮，切块；西瓜去皮、去籽，切块；柠檬洗净，切片。
2. 将胡萝卜、西瓜和柠檬放入榨汁机内，加入酸奶搅打成汁。
3. 把榨好的蔬果汁倒入放有冰块的杯中即可。

✖ 功效解读

胡萝卜含有挥发油，能促进消化，并有杀菌作用；柠檬味酸、微苦，果皮富含芳香挥发成分，能生津解暑、开胃醒脾。故本品具有强健脾胃的功效。

🕐 制作时间：11分钟　　✖ 制作成本：7元

胡萝卜李子汁

♣ 原料

胡萝卜·······················半根
西芹·······················10克
李子·······················3个
香蕉·······················1根
冰水······················200毫升

♦ 做法

1. 将胡萝卜洗净，去皮；香蕉去皮；李子洗净，去核；西芹摘去叶子，然后将上述材料均切成大小适当的块。
2. 将切好的胡萝卜、西芹、李子和香蕉放入榨汁机中，加入冰水一起搅打成汁即可。

✖ 功效解读

西芹和香蕉的膳食纤维含量都非常丰富，能够促进肠胃的蠕动，有助消化；李子能促进胃酸的分泌，也有改善食欲、促进消化的作用。此款蔬果汁能够强健脾胃。

🕐 制作时间：8分钟　　✖ 制作成本：5元

胡萝卜木瓜汁

♣ 原料

胡萝卜 ·····································半根
木瓜、苹果 ·······························各1/4 个
冰水·······································300 毫升

♦ 做法

1. 将木瓜去皮，去子；苹果洗净，去皮、去核；胡萝卜洗净，然后将它们均切成大小适当的块。
2. 将胡萝卜、木瓜和苹果一起放入榨汁机中，加入冰水搅打成汁，滤出果肉即可。

✖ 功效解读

木瓜所含的蛋白分解酶，可以补偿胰脏和肠道的分泌，补充胃液的不足，有助于分解蛋白质和淀粉。故此款蔬果汁能够促进消化。

⊕ 制作时间：8分钟 ✖ 制作成本：6元

狝猴桃柠檬汁

♣ 原料

胡萝卜 ·····································1 根
狝猴桃 ·····································1 个
柠檬·······································半个
酸奶适量

♦ 做法

1. 将胡萝卜洗净，切块；狝猴桃去皮后对切；柠檬洗净后连皮切成3块。
2. 将柠檬、胡萝卜和狝猴桃放入榨汁机中，再加入酸奶榨汁即可。

✖ 功效解读

狝猴桃和胡萝卜都能够促进肠胃的蠕动，帮助消化；柠檬能够缓解肠道疾病，对消化不良有治疗作用。此款蔬果汁可强健脾胃，对消化不良有缓解和治疗作用。

⊕ 制作时间：9分钟 ✖ 制作成本：5元

西红柿沙田柚汁

♣ 原料

沙田柚·······················半个
西红柿·······················1 个
水····················· 200 毫升
蜂蜜适量

♠ 做法

1. 将沙田柚洗净，去皮，剥开；西红柿洗净，切块。
2. 将沙田柚与西红柿放入榨汁机中，加入水一起搅打成汁。
3. 将榨好的蔬果汁倒入杯中，再加入蜂蜜调匀即可。

✖ 功效解读

沙田柚具有健脾消食的功效，能治食少、口淡、消化不良等症；西红柿能增进食欲、提高对蛋白质的消化能力、减少胃胀食积等。此款蔬果汁能够改善消化不良的症状，有强健脾胃的功效。

⏱ 制作时间：10分钟　　✖ 制作成本：8元

⏱ 制作时间：12分钟　　✖ 制作成本：5元

莲藕柳橙苹果汁

♣ 原料

莲藕························ 30 克
柳橙·······················1 个
苹果·······················半个
水······················· 30 毫升
蜂蜜适量

♠ 做法

1. 将苹果洗净，去皮、去核，切块；柳橙洗净，切小块；莲藕洗净，去皮，切小块。
2. 将莲藕、苹果和柳橙一起放入榨汁机中，再加入水榨成汁。
3. 将蔬果汁倒入杯中，再加入蜂蜜调匀即可。

✖ 功效解读

莲藕富含膳食纤维和维生素，能够促进肠胃蠕动，缓解消化不良；柳橙能够健脾开胃、助消化。此款蔬果汁能够改善消化不良的症状，具有强健脾胃的功效。

芹菜红椒水果汁

❁ 原料

红甜椒、橘子·······················各1个
芹菜································50克
苹果································半个
冰水·····························200毫升

❁ 做法

1. 将橘子去皮、红甜椒去籽、芹菜去叶、苹果去核，洗净后均以适当大小切块。
2. 将红甜椒、橘子、芹菜和苹果一起放入榨汁机中，加入冰水搅打成汁，滤出果肉即可。

❁ 功效解读

红甜椒能够促进新陈代谢，有消食的作用；橘子、苹果和芹菜均富含膳食纤维，能够促进肠胃的蠕动。故此款蔬果汁具有强健脾胃的作用。

🕐 制作时间：9分钟　　✖ 制作成本：5元

西芹苹果柠檬汁

❁ 原料

西芹································30克
苹果································1个
胡萝卜·······························半根
柠檬·······························1/3个
蜂蜜适量

❁ 做法

1. 将西芹洗净，切成小段；将苹果去核，与柠檬和胡萝卜均洗净，切成小块。
2. 将西芹、苹果、胡萝卜和柠檬一起放入榨汁机中榨汁。
3. 将蔬果汁倒入杯中，加入蜂蜜调匀即可。

❁ 功效解读

柠檬富含维生素C，具有抗菌消炎，增强人体免疫力的功效；苹果和西芹含有的膳食纤维能够促进肠胃的蠕动，增强消化能力。此款蔬果汁能够促进消化、强健脾胃。

🕐 制作时间：10分钟　　✖ 制作成本：6元

莴笋葡萄柚汁

☘ 原料

莴笋·····························100 克
苹果···························1/4 个
葡萄柚·························半个
冰块适量

🥄 做法

1. 将莴笋洗净，切段，用热水焯烫；苹果洗净，去皮、去核，切丁；将葡萄柚洗净，用压汁机压汁备用。
2. 将莴笋和苹果放入榨汁机中，搅打成汁。
3. 将榨好的蔬果汁和葡萄柚汁倒入杯中混合，加入冰块搅匀即可。

✖ 功效解读

莴笋能促进肠胃的蠕动，对消化功能减弱、消化道中酸性降低和便秘的病人尤其有利；葡萄柚含有酸性物质，可以帮助消化液的增加，借此促进消化功能。此款蔬果汁能够促进消化。

🕐 制作时间：10分钟　　✖ 制作成本：5元

🕐 制作时间：8分钟　　✖ 制作成本：5元

西蓝花西红柿汁

☘ 原料

西蓝花·························100 克
西红柿··························1 个
卷心菜··························50 克
柠檬·····························半个

🥄 做法

1. 将西蓝花、西红柿、卷心菜和柠檬分别洗净，均切成小块。
2. 将西蓝花、西红柿、卷心菜和柠檬一起放入榨汁机内榨成汁。
3. 将榨好的蔬果汁倒入杯中即可（也可根据个人喜好加入冰块）。

✖ 功效解读

西蓝花被誉为"蔬菜皇冠"，有增强肠胃功能的作用；西红柿能够增进食欲、提高人体对蛋白质的消化，减少胃胀食积。此款蔬果汁能够开胃消食，尤其适合妇女儿童饮用。

香瓜苹果芹菜汁

❋ 原料

香瓜·························· 1 个
苹果························ 1/4 个
芹菜························ 100 克
水························ 300 毫升

● 做法

1. 将香瓜、苹果均洗净，去皮，对半切开，去瓤、去核，再切块；芹菜洗净，切小段。
2. 将切好的香瓜、苹果和芹菜一起放入榨汁机中，再加入水榨汁即可。

❋ 功效解读

香瓜营养丰富，能够提供人体所需的能量和营养素；苹果和芹菜的膳食纤维含量丰富，能够促进肠胃的蠕动，帮助消化。此款蔬果汁对消化不良有很好的疗效。

🕐 制作时间：9分钟　✖ 制作成本：7元

芭蕉果蔬汁

❋ 原料

柠檬························半个
芭蕉························ 2 个
白萝卜······················ 100 克
冰块适量

● 做法

1. 将柠檬洗净，连皮切成3块；芭蕉剥皮，切段；白萝卜洗净，去皮，切块。
2. 将切好的柠檬、芭蕉和白萝卜放入榨汁机中，一起搅打成汁。
3. 将蔬果汁倒入杯中，加冰块搅匀即可。

❋ 功效解读

芭蕉与香蕉的营养价值差不多，都有润肠通便的功效；白萝卜有下气、消食、利尿通便的功效，有养胃的作用。故本品可强健脾胃、助消化。

🕐 制作时间：11分钟　✖ 制作成本：9元

香蕉菠菜牛奶汁

♣ 原料

香蕉·······················1 根
菠菜·······················100 克
牛奶·······················200 毫升

♦ 做法

1. 将香蕉去皮，切块；菠菜洗净，择去黄叶，切成段。
2. 将香蕉和菠菜放入榨汁机中，加入牛奶搅打成汁即可。

✖ 功效解读

香蕉能清热润肠，促进肠胃蠕动；菠菜含有大量的植物粗纤维，具有促进肠道蠕动的作用；牛奶可补虚损、益肺胃、生津润肠。此款蔬果汁能够强健脾胃，促进消化。

🕐 制作时间：10分钟　　✖ 制作成本：5元

🕐 制作时间：10分钟　　✖ 制作成本：7元

薄荷蔬果汁

♣ 原料

薄荷、西红柿······························· 各50 克
柳橙、苹果、柠檬························· 各半个
冰块、蜂蜜各适量

♦ 做法

1. 将薄荷洗净；西红柿洗净，切块；柳橙洗净，挖出果肉；苹果洗净，去皮、去核，切块；柠檬洗净，切片。
2. 将薄荷、西红柿、柳橙、苹果和柠檬一起放入榨汁机中，搅打成汁。
3. 把榨好的蔬果汁倒入放有冰块和蜂蜜的杯中，调匀即可。

✖ 功效解读

薄荷中的薄荷醇能够增进食欲、帮助消化；西红柿能够增进食欲、减少胃胀食积；柳橙和苹果中的膳食纤维含量也很丰富。此款蔬果汁能够强健脾胃、促进消化。

狝猴桃无花果汁

🍀 **原料**

无花果、狝猴桃、苹果⋯⋯⋯⋯⋯⋯各1个

💧 **做法**

1. 将无花果去皮，对切；狝猴桃洗净，去皮，切块；苹果洗净，去核，切块。
2. 将无花果、狝猴桃和苹果交错放入榨汁机，榨汁即可。

✖ **功效解读**

无花果能健胃清肠，可治食欲不振、消化不良以及肠炎；狝猴桃能调中理气，对消化不良也有很好的疗效。这款蔬果汁对于消化不良、食欲不振有良好的效果，可强健脾胃。

🕐 制作时间：11分钟　　✖ 制作成本：5元

芒果人参果汁

🍀 **原料**

芒果、人参果⋯⋯⋯⋯⋯⋯⋯⋯ 各1 个
柠檬⋯⋯⋯⋯⋯⋯⋯⋯⋯⋯⋯⋯ 半个
水 ⋯⋯⋯⋯⋯⋯⋯⋯⋯⋯⋯⋯ 100 毫升
冰糖适量

💧 **做法**

1. 将芒果去皮、去核，切块；人参果去皮、去子，切块；柠檬去皮，切块。
2. 将柠檬、芒果和人参果放入榨汁机中，加入水搅打成汁。
3. 把榨好的蔬果汁倒入放有冰糖的杯中，调匀即可。

✖ **功效解读**

人参果富含硒，能够维持人体正常的生理功能，增强免疫力；芒果和柠檬的膳食纤维含量丰富，能够促进肠胃的蠕动。故此款蔬果汁能强健脾胃，还能增强免疫力。

🕐 制作时间：11分钟　　✖ 制作成本：7元

柠檬豆浆汁

♣ 原料

柠檬⋯⋯⋯⋯⋯⋯⋯⋯⋯⋯⋯半个
豆浆⋯⋯⋯⋯⋯⋯⋯⋯⋯⋯180 毫升
冰块、蜂蜜各适量

♦ 做法

1. 将柠檬洗净，切块。
2. 将柠檬放入榨汁机中，再加入豆浆榨汁。
3. 把榨好的蔬果汁倒入玻璃杯中，然后加入冰块和蜂蜜调匀即可。

✖ 功效解读

柠檬味酸，有开胃醒脾的功能；豆浆能够帮助食物被更快地消化吸收；蜂蜜能够促进肠胃的蠕动。此款蔬果汁能够促进肠胃的蠕动，促进消化。

🕐 制作时间：9分钟　✖ 制作成本：4元

卷心菜香蕉汁

♣ 原料

卷心菜⋯⋯⋯⋯⋯⋯⋯⋯⋯⋯ 150 克
香蕉⋯⋯⋯⋯⋯⋯⋯⋯⋯⋯⋯ 1 根
蜂蜜适量

♦ 做法

1. 将卷心菜充分洗净，卷成卷；香蕉剥皮后再切成块状。
2. 将卷心菜和香蕉一起放入榨汁机中榨汁。
3. 在榨好的蔬果汁中加入蜂蜜，调匀即可。

✖ 功效解读

香蕉的膳食纤维含量丰富，能够促进肠胃的蠕动；卷心菜有抗菌消炎的功效，对胃痛有疗效，而且卷心菜含有某种溃疡愈合因子，能加速创面愈合，可治疗胃溃疡。此款蔬果汁能够保护消化系统，缓解消化不良的症状。

🕐 制作时间：9分钟　✖ 制作成本：4元

草莓油菜猕猴桃汁

🕐 制作时间：12分钟　　✂ 制作成本：5元

🌿 原料

草莓·····························50 克
油菜·····························100 克
猕猴桃、柠檬·····················各1 个
冰块适量

🍴 做法

1. 将草莓洗净，切块；猕猴桃剥皮，对切；柠檬洗净，连皮切3块；将油菜洗净，茎和叶切开，并将叶子卷成卷。
2. 将草莓、卷成卷的油菜叶和茎、猕猴桃、柠檬一起放入榨汁机搅打成汁。
3. 将榨好的蔬果汁倒入杯中，加冰块搅匀即可。

✂ 功效解读

此款蔬果汁富含膳食纤维、各种维生素以及矿物质，不仅能够强健脾胃，还能增强人体免疫力，促进人体的正常生长和发育；此外还具有减轻心理压力、使人精神愉悦、除烦醒脑的功效。故此款蔬果汁是养生保健的首选饮品。

爱心贴士

　　油菜中含有大量的植物纤维素，能促进肠道蠕动，增加粪便的体积，缩短粪便在肠腔停留的时间，故可以治疗便秘以及预防肠道肿瘤。此外，油菜还富含维生素C和胡萝卜素，常食具有美容作用。

黄瓜蔬菜汁

♣ 原料
生菜……………………………………200 克
西蓝花………………………………60 克
黄瓜………………………………… 1 根
冰块适量

♦ 做法
1. 将生菜和西蓝花分别洗净，切块；将黄瓜洗净，切块。
2. 将生菜、西蓝花和黄瓜一起放入榨汁机中搅打成汁。
3. 将榨好的蔬果汁倒入杯中，加冰块调匀即可。

✖ 功效解读
生菜的膳食纤维含量丰富，能够促进肠胃的蠕动；西蓝花能杀死幽门螺旋杆菌，可预防胃癌。此款蔬果汁能够保护人体胃部，促进消化。

🕐 制作时间：8分钟　　✖ 制作成本：6元

菠萝沙田柚汁

♣ 原料
菠萝……………………………………50 克
沙田柚………………………………100 克
蜂蜜适量

♦ 做法
1. 将菠萝去皮，洗净，切小块；将沙田柚去皮、籽，切小块。
2. 将菠萝和沙田柚一起放入榨汁机中，搅打成汁。
3. 将榨好的果汁倒入杯中，加蜂蜜调匀即可。

✖ 功效解读
沙田柚不但营养价值高，而且能够健脾消食；菠萝含有的菠萝朊酶能分解蛋白质，解油腻。此款蔬果汁有助消化的功效。

🕐 制作时间：9分钟　　✖ 制作成本：4元

酸甜葡萄汁

🍀 原料

葡萄·····································100 克
红葡萄酒······························50 毫升
水····································100 毫升

💧 做法

1. 将葡萄洗净。
2. 将葡萄放入榨汁机中，加入水榨汁。
3. 将榨好的葡萄汁倒入杯中，加入红葡萄酒搅匀即可。

✖ 功效解读

葡萄味甘酸，有补肝肾、益气血、开胃生津的功效；葡萄酒营养成分丰富，能够维持和调节人体的生理机能，助消化能力更强。此款蔬果汁能够促进消化、强健脾胃。

🕐 制作时间：11分钟　　✖ 制作成本：8元

芒果香蕉椰奶汁

🍀 原料

芒果·····································1 个
香蕉·····································1 根
椰汁··································300 毫升
可可、蜂蜜···························各10 毫升
牛奶··································150 毫升

💧 做法

1. 将芒果洗净，去皮、去核，切小块；将香蕉去皮，切块。
2. 将芒果、香蕉和可可一起放入榨汁机中，再加入牛奶和椰汁搅打成汁。
3. 将蔬果汁倒入杯中，加蜂蜜调匀即可。

✖ 功效解读

芒果、香蕉均可刺激肠胃蠕动；牛奶、蜂蜜、椰汁均有养脾胃的功效。故此款蔬果汁能强健脾胃。

🕐 制作时间：11分钟　　✖ 制作成本：8元

菠萝牛奶汁

♣ 原料

菠萝……………………………………100 克
牛奶……………………………………200 毫升
蜂蜜适量

● 做法

1. 将菠萝去皮，洗净，切成小块。
2. 将菠萝放入榨汁机中，加入牛奶榨汁，滤渣。
3. 将蔬果汁倒入杯中，加入蜂蜜调匀即可。

✖ 功效解读

菠萝中的膳食纤维能够促进消化；牛奶有助于维护消化系统的正常机能；蜂蜜能够促进肠胃的蠕动。此款蔬果汁能够促进消化、强健脾胃。

🕐 制作时间：6分钟　　✖ 制作成本：5元

哈密瓜双奶汁

♣ 原料

哈密瓜…………………………………半个
酸奶……………………………………250 毫升
牛奶……………………………………200 毫升
冰块适量

● 做法

1. 将哈密瓜洗净，去皮和瓤，切丁。
2. 将哈密瓜放入榨汁机中，再加入酸奶及牛奶，一起搅打成汁。
3. 将蔬果汁倒入杯中，放入冰块搅匀即可。

✖ 功效解读

哈密瓜有充饥、通便、益气、清肺热的功效，适宜肾病、胃病患者食用；酸奶能够加强肠胃动力，帮助消化。此款蔬果汁能够帮助消化、强健脾胃。

🕐 制作时间：10分钟　　✖ 制作成本：5元

莲藕鸭梨汁

♣ 原料

莲藕···100 克
鸭梨···1 个
水···200 毫升

♦ 做法

1. 将莲藕洗净，去皮，切成块状；鸭梨洗净，去核，切成块状。
2. 将切好的莲藕和鸭梨一起放入榨汁机中，加入水一起榨汁即可。

✖ 功效解读

莲藕的营养价值很高，能够补益气血、增强免疫力，调节心脏血压、改善末梢血液循环；鸭梨能够增强心肌活力，缓解周身疲劳，降低血压。此款蔬果汁能够养心安神、生津润燥。

🕐 制作时间：6分钟　　✖ 制作成本：3元

芦笋芹菜汁

♣ 原料

芦笋···1 根
芹菜···75 克
水···200 毫升

♦ 做法

1. 将芦笋洗净，去须，切成块状；芹菜洗净，切成段。
2. 将切好的芦笋和芹菜一起放入榨汁机中，加入水榨汁即可。

✖ 功效解读

芦笋含有人体所必需的各种氨基酸且比例恰当，微量元素也很丰富；芹菜则有祛风利湿、清肠利便、润肺止咳、降低血压、健脑镇静的作用。此款蔬果汁能够安定情绪，预防心脏病。

🕐 制作时间：5分钟　　✖ 制作成本：3.5元

芒果香蕉牛奶汁

♣ 原料

芒果·······················半个
香蕉·······················1 根
牛奶···················200 毫升

♦ 做法

1. 将芒果去皮、去核，取出果肉；将香蕉去皮和果肉上的果络，切成块状。
2. 将准备好的芒果和香蕉一起放入榨汁机中，加入牛奶榨汁即可。

✖ 功效解读

芒果中含有的维生素和矿物质有怡神的功效；香蕉富含钾，能治疗高血压，还能缓解紧张情绪。此款蔬果汁能够安心怡神，调节内分泌。

🕐 制作时间：6分钟　　✖ 制作成本：4元

🕐 制作时间：6分钟　　✖ 制作成本：3元

洋葱苹果汁

♣ 原料

洋葱·······················半个
苹果·······················1 个
水····················200 毫升

♦ 做法

1. 将洋葱剥掉表皮，切成块状，再用微波炉加热30秒，使其变软；将苹果去皮、去核，切成小块。
2. 将洋葱和苹果一起放入榨汁机中，加入水榨汁即可。

✖ 功效解读

洋葱有镇静、促进血液循环、驱寒和安眠的作用，能较好地调节神经，增强记忆力；苹果能缓解不良情绪，同时还有提神醒脑的作用。故此款蔬果汁具有安神养心、改善睡眠质量的功效。

胡萝卜梨汁

🕐 制作时间：6分钟　　✂ 制作成本：3元

🍀 原料

胡萝卜 ···半根
梨 ···1个
水 ··200毫升

🥄 做法

1. 将胡萝卜洗净，去皮，切成块状。
2. 将梨洗净，去核，切成块状。
3. 将切好的胡萝卜、梨和水一起放入榨汁机中搅打成汁。

✂ 功效解读

胡萝卜能加强肠道的蠕动、利膈宽肠、通便防癌；梨有生津止渴、益脾止泻、和胃降逆的功效，能保护心脏、减轻疲劳、增强心肌活力、降血压。故此款果汁能够降压强心、减缓疲劳。

爱心贴士

梨富含膳食纤维，能促进胃肠蠕动，所含的糖类和多种维生素，对肝脏有一定的保护作用；此外，梨还有润肺清燥、止咳化痰、养血生肌的功效，适合秋季时为缓解干燥而食用。

胡萝卜橘香奶昔

♣ 原料

胡萝卜 ·······················100 克
橘子 ·······················80 克
牛奶 ·······················250 毫升
柠檬 ·······················半个

♦ 做法

1. 将胡萝卜洗净，去皮，切成小块；橘子去皮，切成小块；柠檬洗净，切片。
2. 将所有材料放入榨汁机中，再加入牛奶搅打成汁即可。

✂ 功效解读

胡萝卜内含玻珀酸钾，能防止血管硬化、降低胆固醇，对防治高血压有一定效果；牛奶含有的镁能使心脏耐疲劳，含有的钾可使动脉血管在高压时保持稳定，从而减少中风发生的概率。故此款蔬果汁有养心安神的功效。

⏱ 制作时间：8分钟　✖ 制作成本：4元

⏱ 制作时间：10分钟　✖ 制作成本：4元

红枣黄豆牛奶汁

♣ 原料

干红枣 ·······················15 克
牛奶 ·······················240 毫升
黄豆粉 ·······················25 克
蚕豆 ·······················50 克

♦ 做法

1. 将干红枣用温开水泡软，去核；蚕豆用开水煮过剥掉外皮，切成小丁。
2. 将所有材料倒入榨汁机内搅打成汁即可。

✂ 功效解读

红枣富含钙和铁，对防治骨质疏松、贫血有重要作用；红枣所含的芦丁是一种能使血管软化，从而使血压降低的物质，对高血压有防治功效。黄豆中的脂肪以不饱和脂肪酸居多，可以预防冠心病、高血压、动脉硬化等。故此款蔬果汁具有养心安神的功效。

滋阴润肺

制作时间：7分钟　　制作成本：5元

莲藕荸荠柠檬汁

🍀 原料
莲藕··50 克
荸荠··25 克
柠檬··2 片
水··200 毫升

● 做法
1. 将莲藕去皮洗净，切成块状；将荸荠去皮，洗净，切成块状。
2. 将切好的莲藕、荸荠和柠檬一起放入榨汁机中，加入水榨汁即可。

✖ 功效解读
莲藕易于消化，能滋补养性；荸荠有生津润肺、化痰利肠、消痈解毒、凉血化湿的功效。故此款蔬果汁有滋阴润肺的功效。

芒果柚子汁

🍀 原料
芒果··1 个
柚子··半个
水··200 毫升
蜂蜜适量

● 做法
1. 将芒果去皮、去核，切成块状；柚子去皮，切成块状。
2. 将芒果和柚子放入榨汁机中，加入水榨汁。
3. 在榨好的蔬果汁内加入蜂蜜调匀即可。

✖ 功效解读
芒果能祛疾止咳，对咳嗽、痰多、气喘等症有辅助治疗作用；柚子有清热化痰、止咳平喘、解酒除烦的功效。此款蔬果汁能够清热祛痰、润肺。

制作时间：6分钟　　制作成本：6元

白萝卜莲藕梨汁

♣ 原料

白萝卜·····································200 克
莲藕·······································100 克
梨··1 个
水···200 毫升

♦ 做法

1. 将白萝卜和莲藕均去皮，切成块；梨洗净，去核，切成块状。
2. 将切好的白萝卜、莲藕和梨一起放入榨汁机中，加入水榨汁即可。

✖ 功效解读

白萝卜有化痰、止咳功能；莲藕有清热凉血的作用，可用来治疗热证咳嗽；梨亦有润肺化痰的功效。故此款蔬果汁能够润肺化痰。

🕐 制作时间：8分钟　　✖ 制作成本：5元

苹果萝卜甜菜汁

♣ 原料

苹果、甜菜根·······························各1个
白萝卜····································100 克
水···200 毫升

♦ 做法

1. 将苹果洗净，去皮、去核，切成块状；将白萝卜、甜菜根均洗净，切成块状。
2. 将切好的苹果、白萝卜和甜菜根一起放入榨汁机中，加入水榨汁即可。

✖ 功效解读

苹果生津润肺，能够改善呼吸系统和肺功能；甜菜根能止咳化痰；白萝卜能够清热生津、润肺。此款蔬果汁具有生津润肺、化痰的功效。

🕐 制作时间：5分钟　　✖ 制作成本：3元

桂圆枣泥汁

🕐 制作时间：5分钟　　✂ 制作成本：3元

🍀 **原料**

桂圆 ···························· 6 颗
红枣 ···························· 8 颗
水 ·························· 200 毫升

💧 **做法**

1. 将桂圆去壳、去核，取出果肉。
2. 将红枣洗净，去核（也可购买市场上的无核枣）。
3. 将准备好的桂圆、红枣一起放入榨汁机中，加入水一起榨汁即可。

✖ **功效解读**

桂圆肉含有蛋白质、脂肪、碳水化合物、有机酸、粗纤维及多种维生素和矿物质等，具有强大的滋补作用；红枣能够润心肺、止咳、补五脏、治虚损。故二者搭配榨汁，具有益气生津、润肺护喉的功效。

🎀 **爱心贴士**

桂圆中含有丰富葡萄糖、蔗糖、蛋白质及多种维生素和微量元素，能改善心血管循环、安定精神、纾解压力和紧张，有良好的滋养补益作用。

百合红豆汁

♣ 原料

水 ································· 200 毫升
百合、红豆各适量

● 做法

1. 将红豆提前泡4～8个小时，然后放入高压锅中，加入清水没过红豆1厘米，以大火煮开，上汽后再煮5分钟；百合洗净备用。
2. 将煮好的红豆和红豆水、百合一起放入榨汁机榨汁即可。

✖ 功效解读

百合富含黏液质及维生素，不但能滋润皮肤，还有清肺润燥、止咳安神的功效；中医学认为红豆有消肿解毒的作用。故二者搭配榨汁有清热解毒、润肺止咳的功效。

🕐 制作时间：15分钟　✖ 制作成本：6元

西芹香蕉可可汁

♣ 原料

西芹 ································· 75 克
香蕉 ·································半根
水 ································· 200 毫升
可可粉适量

● 做法

1. 将西芹洗净，切碎；将香蕉去皮，切块。
2. 将切好的西芹和香蕉放入榨汁机中，加入水榨汁。
3. 在榨好的果汁中加入可可粉搅匀即可。

✖ 功效解读

此款蔬果汁富含多种维生素和矿物质，具有滋阴润肺、除烦解渴的功效。

🕐 制作时间：4分钟　✖ 制作成本：3元

什锦蔬果汁

♣ 原料
芹菜、莴笋 ································· 各45 克
圣女果 ································· 5 个
苹果 ································· 半个
水 ································· 300 毫升
酸奶酪、小麦胚芽粉各适量

♦ 做法
1. 将莴笋、圣女果、苹果和芹菜均洗净，切块。
2. 将莴笋、圣女果、苹果、芹菜和酸奶酪放入榨汁机中，加水一起榨汁。
3. 把榨好的蔬果汁滤渣，倒入加有小麦胚芽粉的杯中，调匀即可。

✖ 功效解读
此款蔬果汁具有平肝清热、解毒、疏肝养肝的功效。

⏱ 制作时间：6分钟　　✖ 制作成本：3元

香芹芦笋苹果汁

♣ 原料
苹果、苦瓜 ································· 各100 克
香芹、芦笋 ································· 各50 克
青椒 ································· 20 克

♦ 做法
1. 将苹果洗净，去皮、去核，切块；将香芹洗净，切段；将苦瓜、芦笋和青椒均洗净，切块。
2. 将所有材料一起放入榨汁机中，榨汁即可。

✖ 功效解读
此款蔬果汁结合了多种蔬果的优点，能够有效排除体内毒素，不仅可以疏肝养肝，而且对减肥瘦身也有较强功效。

⏱ 制作时间：5分钟　　✖ 制作成本：6元

石莲花芦荟汁

❀ 原料

石莲花 ·· 8 片
芦荟 ·· 100 克
水 ·· 300 毫升
蜂蜜 ·· 20 毫升

♦ 做法

1. 将石莲花洗净；芦荟洗净，去皮，取出果肉备用。
2. 将石莲花和芦荟放入榨汁机中，加入水，一起搅打成汁。
3. 将蔬果汁滤渣后倒入杯中，加蜂蜜调匀即可。

✖ 功效解读

石莲花有利尿、降压、解毒、保护肝脏等功效；芦荟所含的大黄素、氨基酸、酵素、蛋白质具有杀菌、抗癌的作用。此款蔬果汁对肝病患者调养有益。

⏱ 制作时间：4分钟　　✖ 制作成本：3元

⏱ 制作时间：5分钟　　✖ 制作成本：4元

卷心菜甘蔗汁

❀ 原料

西红柿 ·· 2 个
卷心菜 ·· 80 克
甘蔗汁 ·· 300 毫升
柠檬汁 ·· 10 毫升

♦ 做法

1. 将西红柿和卷心菜均洗净，切小块。
2. 将切好的西红柿和卷心菜放入榨汁机中，一起搅打成汁。
3. 将榨好的蔬果汁倒入杯中，加入甘蔗汁和柠檬汁调匀即可。

✖ 功效解读

西红柿含有丰富的抗氧化物，可以保护肝脏细胞，减少有害物质的伤害；卷心菜的维生素含量丰富，有极强的抗衰老功效；甘蔗汁有保肝活血的功效。故此款蔬果汁有护肝的功效。

葡萄酸奶汁

🕐 制作时间：4分钟　　✂ 制作成本：5元

🍀 原料

葡萄·····························60 克
酸奶·························100 毫升
蜂蜜··························10 毫升

🌢 做法

1. 将葡萄洗净，去籽，备用。
2. 将葡萄放入榨汁机中，再加酸奶搅打成汁。
3. 将榨好的汁倒入杯中，加入蜂蜜调匀即可。

✖ 功效解读

葡萄所含的多酚类物质是天然的自由基清除剂，具有很强的抗氧化活性，可以有效地调整肝脏细胞的功能，抵御或减少自由基的伤害；中医亦认为，葡萄能滋肝肾、强筋骨。故此款蔬果汁具有疏肝养肝的功效。

爱心贴士

葡萄不仅味美可口，而且营养价值很高，除葡萄糖外还含有钙、钾、磷、铁、多种维生素以及多种人体必需的氨基酸。

白萝卜卷心菜汁

♣ 原料

白萝卜·····························100 克
卷心菜······························50 克
水································200 毫升

♦ 做法

1. 将白萝卜洗净，去皮，切成块状；将卷心菜洗净，切碎。
2. 将切好的白萝卜和卷心菜一起放入榨汁机中，加入水榨汁即可。

✖ 功效解读

白萝卜含有丰富的维生素，能够保肝活血；卷心菜有很强的抗氧化、抗衰老作用，能够保护肝脏细胞，减少有害物质的伤害。此款蔬果汁能够祛除肝火、保肝护肝。

🕐 制作时间：5分钟 　　✖ 制作成本：2元

橘子芒果汁

♣ 原料

橘子、芒果·························各1 个
水································200 毫升

♦ 做法

1. 将橘子去皮，掰瓣；芒果去皮、去核，并把果肉切成块状。
2. 将准备好的橘子和芒果一起放入榨汁机中，加入水榨汁即可。

✖ 功效解读

橘子具有疏肝理气、消肿散毒的功效；芒果能够益胃、解渴、利尿，有助于消除因长期坐姿导致的腿部浮肿。此款蔬果汁具有疏肝养肝、减肥消脂的功效。

🕐 制作时间：5分钟 　　✖ 制作成本：4元

柳橙白菜汁

♣ 原料

柳橙·······················1 个
白菜·······················50 克
水·······················200 毫升

♦ 做法

1. 将柳橙去皮，切成块状；白菜在水中焯一下，切成块状。
2. 将柳橙和白菜一起放入榨汁机中，加入水榨汁即可。

✖ 功效解读

柳橙有抗氧化作用，能够提高人体的免疫力；白菜中含有的纤维素，可增强肠胃的蠕动，帮助消化和排泄，从而减轻肝脏的负担。此款蔬果汁具有疏肝理气的功效。

🕐 制作时间：6分钟　　✖ 制作成本：3元

苦瓜牛蒡汁

♣ 原料

苦瓜·······················50 克
胡萝卜·······················半根
水·······················200 毫升
牛蒡适量

♦ 做法

1. 将苦瓜洗净，去瓤，切成块状；胡萝卜去皮，洗净，切成块状。
2. 将苦瓜、胡萝卜和牛蒡一起放入榨汁机中，加入水榨汁即可。

✖ 功效解读

此款蔬果汁对人体五脏均有一定的补益作用，尤其可以清热解毒、明目，能减轻肝脏的负担。

🕐 制作时间：7分钟　　✖ 制作成本：4元

黄瓜水果汁

🍀 原料

草莓·····················30 克
葡萄柚·····················1 个
黄瓜·······················半根
水·······················200 毫升

💧 做法

1. 将草莓和黄瓜均洗净，切成块状；葡萄柚去皮，洗净，切成块状。
2. 将草莓、葡萄柚和黄瓜一起放入榨汁机中，加入水榨汁即可。

✖ 功效解读

黄瓜含有的丙氨酸、精氨酸和谷胺酰胺，对酒精性肝硬化患者有治疗作用；草莓和葡萄柚均有较强的抗氧化功效。故本品能养肝，并可预防肝癌。

🕐 制作时间：5分钟　✖ 制作成本：4元

甜瓜芦荟柳橙汁

🍀 原料

甜瓜·······················半个
芦荟·····················75 克
柳橙·······················1 个
水·······················200 毫升

💧 做法

1. 将甜瓜洗净，去皮、去瓤，切成块状；芦荟洗净，切成块状；柳橙去皮，切块。
2. 将甜瓜、芦荟和柳橙一起放入榨汁中，加入水榨汁即可。

✖ 功效解读

甜瓜能促进人体心脏和肝脏以及肠道系统的活动；芦荟的缓泻和利尿作用可以提高人体的排泄功能，清除血液中的"毒素"。此款蔬果汁能够增强肝脏的解毒功能。

🕐 制作时间：5分钟　✖ 制作成本：4元

制作时间：7分钟　　制作成本：8元

苹果桂圆莲子汁

♣ 原料

苹果	1个
桂圆	6颗
莲子	4颗
水	200毫升

● 做法

1. 将苹果洗净，去皮、去核，切成块状；桂圆去壳、去核，取出果肉；将莲子去皮，洗净，取出莲心。
2. 将准备好的苹果、桂圆、莲子一起放入榨汁机中，加入水榨汁即可。

✖ 功效解读

桂圆是珍贵的滋养食品；莲子可养心安神，所含的莲子碱有平抑性欲的作用。故此款蔬果汁能够消除心火、益肾宁神、止遗涩精。

莲藕豆浆汁

♣ 原料

莲藕	100克
豆浆	200毫升

● 做法

1. 将莲藕洗净，去皮，切成块状。
2. 将莲藕和豆浆一起放入榨汁机榨汁即可。

✖ 功效解读

莲藕含有丰富的维生素和膳食纤维，能够滋阴养血、利尿通便，有助于排出体内毒素；豆浆中所含的豆固醇和钾、镁、钙能降低胆固醇。二者搭配榨汁，不但能补心益肾、清热解毒，还可以预防心脑血管疾病。

制作时间：4分钟　　制作成本：2元

西瓜黄瓜汁

✿ 原料

西瓜·······························200 克
黄瓜································1 根
水·······························200 毫升

♦ 做法

1. 将西瓜去皮、去籽，切成块状；黄瓜洗净，切成丁。
2. 将切好的西瓜和黄瓜一起放入榨汁机中，加入水榨汁即可。

✿ 功效解读

西瓜有利尿的作用，能够增强肾脏的排毒功能；黄瓜含有的维生素C具有提高人体免疫力的作用。此款蔬果汁对肾功能有一定的促进作用。但需注意，肾脏病患者不宜饮用，否则反而会加重肾脏的负担。

🕐 制作时间：6分钟　　✖ 制作成本：3元

芹菜芦笋葡萄汁

✿ 原料

芹菜、葡萄·······················各50 克
芦笋································1 根
水·······························200 毫升

♦ 做法

1. 将芹菜和芦笋均洗净，切成块状；将葡萄洗净，去皮、去籽，切成块。
2. 将切好的芹菜、芦笋和葡萄一起放入榨汁机中，加入水榨汁即可。

✿ 功效解读

芦笋对于疲劳症、水肿、膀胱炎、排尿困难等有一定的辅助治疗作用；常吃葡萄可舒筋活血、滋补肝肾、强筋壮骨。此款蔬果汁能够排毒利尿，强化肾脏功能。

🕐 制作时间：7分钟　　✖ 制作成本：3元

西瓜小黄瓜柠檬汁

🕐 制作时间：4分钟　　✖ 制作成本：6元

♣ 原料

西瓜……………………………… 100 克
小黄瓜……………………………… 1 根
柠檬……………………………… 2 片
水……………………………… 200 毫升

● 做法

1. 将西瓜去皮、去籽，切成块状。

2. 将小黄瓜洗净，切成块状。

3. 将切好的西瓜、小黄瓜、柠檬和水一起放入榨汁机中榨汁即可。

✖ 功效解读

西瓜和小黄瓜均富含水分，有利尿的作用，有利于人体毒素的排出，对肾脏有益；而且西瓜和小黄瓜均富含膳食纤维，有助于排便。柠檬富含多种维生素，尤其是其中的维生素C，可以抗氧化、排毒。三者搭配榨汁，具有清热利尿、排毒的功效，对肾脏有一定的补益作用。

小黄瓜富含蛋白质、糖类、维生素B$_2$、维生素C、维生素E、胡萝卜素、烟酸，以及钙、磷、铁等矿物质。中医认为，小黄瓜具有除热、利水利尿、清热解毒的功效，主治烦渴、咽喉肿痛等，还有减肥功效。

柠檬香瓜柳橙汁

❀ 原料

香瓜·······················200 克
柳橙···························· 1 个
柠檬···························半个
冰块适量

♦ 做法

1. 将柠檬洗净，切块；柳橙去皮去籽，切块；香瓜洗净，去皮去瓤，切成块。
2. 将柠檬、柳橙、香瓜一同放入榨汁机榨汁。
3. 将果汁倒入杯中，加入冰块搅匀即可。

✖ 功效解读

香瓜营养丰富，其中含有的转化酶可将不溶性蛋白质转变成可溶性蛋白质，能帮助肾脏病人吸收营养。柠檬和柳橙均富含水分，有利尿的作用。故此款蔬果汁适宜肾脏病患者饮用。

🕐 制作时间：5分钟　　✖ 制作成本：3元

桂圆枸杞红枣汁

❀ 原料

桂圆························· 30 克
枸杞························· 20 克
红枣························· 10 克
碎冰适量

♦ 做法

1. 将桂圆去壳、去核；枸杞洗净；红枣洗净，去核。
2. 将上述材料倒入锅中，加水煮熟。
3. 待冷却后，将材料与煮过的水一起倒入榨汁机中，加碎冰一起搅打成汁即可。

✖ 功效解读

枸杞含有丰富的胡萝卜素、多种维生素和钙、铁等矿物质，滋补的作用较强；中医也认为枸杞具有滋补肝肾、益精明目的功效。桂圆营养丰富，含铁量较多，有补血的作用。故此款蔬果汁可补肾固精。

🕐 制作时间：15分钟　　✖ 制作成本：9元

02

抗疲劳，
消灭常见小毛病

忙碌的现代生活，疾病往往不期而遇，但疾病在出现之前都存在一些细微征兆，提示着身体机能出现异常情况。日常生活中我们应重视自身的每一个细小变化，及时发现病变，将疾病扼杀在萌芽中。本章就和您一起分享能够提高免疫力、防治常见小毛病的独家秘方蔬果汁。

ⓘ 制作时间：11分钟　　✂ 制作成本：3元

清凉丝瓜汁

❀ 原料

丝瓜·······························半根
水 ························· 200 毫升

◆ 做法

1. 将丝瓜去皮，在热水中焯一下，再在冷水中浸泡1分钟，切块。
2. 将切好的丝瓜放入榨汁机中，加入水一起榨汁即可。

✂ 功效解读

丝瓜能保护皮肤、消除斑块，使皮肤洁白、细嫩，是不可多得的美容佳品；丝瓜还可入药，具有清暑凉血、解毒通便、祛风化痰等功效。此款蔬果汁具有抗过敏、通经络的作用。

紫苏苹果汁

❀ 原料

苹果·······························半个
紫苏叶 ·····························2 片
水 ························· 200 毫升

◆ 做法

1. 将苹果去皮、去核，切碎；将紫苏叶洗净，切碎。
2. 将切好的苹果和紫苏叶一起放入榨汁机中，加入水榨汁即可。

✂ 功效解读

紫苏叶有消炎解毒的作用；苹果含有的铜、碘、锰、锌、钾等元素能够改善皮肤干燥、易裂、瘙痒的状况。此款蔬果汁具有改善皮肤敏感的功效。

ⓘ 制作时间：10分钟　　✂ 制作成本：5元

葡萄菠菜汁

♣ 原料

葡萄·······························35 克
菠菜·······························75 克
柠檬································2 片
水·····························200 毫升

● 做法

1. 将葡萄洗净，去籽，取出果肉；将菠菜洗净，切碎；柠檬洗净。
2. 将准备好的葡萄、菠菜和柠檬一起放入榨汁机中，加入水榨汁即可。

✖ 功效解读

葡萄具有很强的抗氧化的功效，对皮肤有保护作用；菠菜能促进人体新陈代谢，促进细胞增殖，既抗衰老又能增强青春活力。此款蔬果汁能够保护皮肤，使皮肤保持光洁。

⊕ 制作时间：12分钟　✖ 制作成本：5元

桂圆芦荟汁

♣ 原料

桂圆·······························4 颗
芦荟·······························75 克
水·····························200 毫升

● 做法

1. 将桂圆去壳、去核，取出果肉；芦荟洗净，切成块状。
2. 将准备好的桂圆和芦荟一起放入榨汁机中，加入水榨汁即可。

✖ 功效解读

桂圆有强大的滋补能力，能够补血、改善皮肤；芦荟对皮肤有良好的营养、滋润、增白的作用，还能去角化、淡化伤痕、治疗皮肤炎症。此款蔬果汁能保护皮肤，抗过敏。

⊕ 制作时间：8分钟　✖ 制作成本：4元

猕猴桃酸奶汁

⏱ 制作时间：10分钟　　✂ 制作成本：6元

🍀 **原料**

猕猴桃 ··································· 3 个
酸奶 ····································· 200 毫升

🥄 **做法**

1. 将猕猴桃洗净，去皮，切小块。
2. 将猕猴桃放入榨汁机中，再加入酸奶搅打成汁。

3. 将榨好的汁倒入杯中，即可饮用。

✂ **功效解读**

猕猴桃富含维生素C和维生素E，尤其是维生素C的含量高达95.7毫克，有"水果之王"的美誉。而维生素C和维生素E均具有美丽肌肤、抗氧化、增白、消除雀斑和暗疮的作用。酸奶含有大量有益菌群，可以调理肠胃、促进排便，从而有助于人体排毒。二者搭配榨汁，对皮肤有较强的保养效果。

爱心贴士

　　中医认为，猕猴桃可以调中理气、生津润燥、解热除烦，生食能用于治疗消化不良、食欲不振、呕吐和烧烫伤等。但需注意的是，儿童食用猕猴桃过多会引起严重的过敏反应，甚至导致虚脱。

黑豆红糖水

♣ 原料

黑豆·······················75 克
黑芝麻·····················10 克
红糖水·················· 200 毫升

♠ 做法

1. 将黑豆洗净，入锅中煮熟，捞出备用。
2. 将黑豆、黑芝麻和红糖水倒入榨汁机中搅打成汁即可。

✖ 功效解读

黑豆具有消肿下气、润肺、活血利水、补血安神、明目健脾、补肾益阴、解毒的作用；黑芝麻蕴含丰富的维生素E，对肌肤中的胶原纤维和弹力纤维有滋润作用。故二者搭配榨汁，有利于在干燥的季节缓解皮肤不适。

🕐 制作时间：15分钟　　✖ 制作成本：5元

🕐 制作时间：5分钟　　✖ 制作成本：10元

茭白水果汁

♣ 原料

柠檬··························30 克
香瓜、猕猴桃················各60 克
茭白·························150 克
冰块适量

♠ 做法

1. 将柠檬洗净，连皮切块；将茭白洗净，切块；将香瓜去皮、去瓤，切块；将猕猴桃去皮，切块。
2. 将柠檬、猕猴桃、茭白、香瓜放入榨汁机中榨汁。
3. 将蔬果汁倒入杯中，加冰块搅匀即可。

✖ 功效解读

柠檬、猕猴桃均富含维生素C，可提高皮肤的抗敏感能力；茭白在增强抗敏感及消炎功能的同时还能除肺燥。故几者搭配榨汁，有改善皮肤的作用。

杨桃菠萝汁

❀ 原料

杨桃·······························2 个
菠萝····························100 克
水····························200 毫升

♦ 做法

1. 将菠萝去皮，洗净，切块；杨桃洗净，切块。
2. 将菠萝和杨桃放入榨汁机中，再加入水一起搅打成汁，滤渣倒入杯中即可。

✖ 功效解读

杨桃有缓解风热咳嗽、咽喉痛的功能；菠萝能够改善局部的血液循环，消除炎症和水肿。此款蔬果汁对于热咳、咽喉肿痛、支气管炎等病症，有相当好的治疗效果。

⏱ 制作时间：10分钟　　✖ 制作成本：5元

金橘芦荟汁

❀ 原料

金橘·······························6 颗
芦荟····························25 克
小黄瓜···························1 根
冰水···························120 毫升
蜂蜜····························10 毫升

♦ 做法

1. 将小黄瓜洗净，切丁；芦荟洗净，削皮，切丁；金橘洗净，对切，压汁备用。
2. 将小黄瓜丁和芦荟丁放入榨汁机中，加入金橘汁和冰水，一起搅打成汁。
3. 将蔬果汁倒入杯中，加蜂蜜调匀即可。

✖ 功效解读

此款蔬果汁能改善因细菌感染导致的咽喉肿痛和支气管炎，还可缓解咳嗽症状。

⏱ 制作时间：13分钟　　✖ 制作成本：6元

草莓樱桃汁

♣ 原料

草莓	20 克
樱桃	30 克
水	200 毫升

♦ 做法

1. 将草莓洗净，去蒂，切块；樱桃洗净，去核。
2. 将准备好的草莓和樱桃一起放入榨汁机中，加入水榨汁即可。

✖ 功效解读

草莓对烦热干咳、咽喉肿痛、声音嘶哑有很好的疗效；樱桃性温，对于初发咽喉炎症，可起到消炎的功效。此款蔬果汁具有消炎止咳的功效。

⊕ 制作时间：9分钟　　✖ 制作成本：5元

莲藕荸荠汁

♣ 原料

莲藕、荸荠	各50 克
水	200 毫升

♦ 做法

1. 将莲藕洗净，去皮，切成丁；荸荠去皮，取出果肉。
2. 将荸荠和莲藕一起放入榨汁机中，加入水榨汁即可。

✖ 功效解读

荸荠口感甜脆，营养丰富，具有清热泻火的功效；莲藕生用性寒，有清热凉血的作用，可用来治疗热性病症。此款蔬果汁能够止咳化痰、生津润肺。

⊕ 制作时间：11分钟　　✖ 制作成本：8元

姜梨蜂蜜饮

🕐 制作时间：9分钟　　✂ 制作成本：6元

🍀 原料

梨·· 1 个
生姜·· 5 克
水·· 300 毫升
蜂蜜··· 10 毫升

💧 做法

1. 将梨洗净，去皮、去核，切块；生姜洗净，切片备用。

2. 将梨和生姜放入榨汁机中，再加水一起搅打成汁。

3. 将榨好的蔬果汁倒入杯中，加蜂蜜调匀即可。

✖ 功效解读

梨具有生津止渴、清热润肺、止咳化痰的功效；生姜含有挥发性姜油醇、姜油酚，有活血、祛寒除湿、发汗等功能。故此款蔬果汁有止咳化痰的功效，适合咳嗽、喉咙痛时饮用。

爱心贴士

　　生姜能刺激胃黏膜，引起血管运动中枢及交感神经的反射性兴奋，促进血液循环，改善胃功能，达到健胃、止痛、发汗、解热的作用。

莲藕橘皮蜜汁

♣ 原料

莲藕·······································35 克
水 ·······································200 毫升
蜂蜜、生橘皮各适量

◈ 做法

1. 将莲藕洗净，去皮，切成块状；生橘皮洗净，切片。
2. 将切好的莲藕和生橘皮一起放入榨汁机中，加入水榨汁。
3. 在榨好的蔬果汁内加入蜂蜜搅匀即可。

✖ 功效解读

莲藕味甘性寒，能清热润肺、凉血化淤；生橘皮有理气燥湿、化痰止咳、健脾和胃的功效。此款蔬果汁能够化痰止咳、补益气血。

🕐 制作时间：9分钟　　✖ 制作成本：4元

橘子苹果汁

♣ 原料

橘子、苹果 ·······························各半个
水 ·······································200 毫升

◈ 做法

1. 将橘子连皮洗净，切成块状；苹果洗净，去皮、去核，切成块状。
2. 将切好的橘子和苹果一起放入榨汁机中，加入水榨汁即可。

✖ 功效解读

橘子具有润肺清肠、理气化痰、除痰止渴等诸多功效；苹果具有改善呼吸系统和肺功能的作用，能保护肺部免受空气中灰尘和烟尘的影响。此款蔬果汁能够缓解咳嗽症状。

🕐 制作时间：9分钟　　✖ 制作成本：3元

西红柿葡萄柚汁

🍀 原料

西红柿、葡萄柚 ······························各1个
乳酸菌饮料 ····························· 200 毫升

♠ 做法

1. 将西红柿表皮划几道口子，在沸水中浸泡10
   秒，剥去西红柿的表皮，并切成大块；葡
   萄柚去皮，切成块状。
2. 将准备好的西红柿和葡萄柚一起放入榨汁机
   中，加入乳酸菌饮料一起搅打成汁。

✖ 功效解读

西红柿能够清热解毒，缓解咳嗽引起的喉咙疼
痛；葡萄柚能够预防呼吸系统疾病，尤其是感
冒咳嗽、喉咙疼痛时，更能起到缓解作用。此
款蔬果汁对咳嗽有预防、缓解功效。

⏱ 制作时间：8分钟   ✖ 制作成本：10元

苹果柳橙蔬菜汁

🍀 原料

苹果、柳橙 ······························各半个
胡萝卜 ································半根
卷心菜 ································50 克
菠菜 ································25 克
水 ································ 200 毫升

♠ 做法

1. 将苹果洗净，去核，切碎；卷心菜、菠菜洗
   净后切碎；柳橙洗净，带皮切块；胡萝卜洗
   净，去皮，切块。
2. 将苹果、柳橙、胡萝卜、卷心菜和菠菜一起
   放入榨汁机中，加水榨汁即可。

✖ 功效解读

苹果具有改善呼吸系统和肺功能的作用；柳橙
的皮有止咳化痰的功效。故此款蔬果汁对咳嗽
有一定的辅助治疗效果。

⏱ 制作时间：10分钟   ✖ 制作成本：4元

莲藕苹果汁

❀ 原料

莲藕·······················100 克
苹果··························半个
水·······················200 毫升

❀ 做法

1. 将莲藕洗净，去皮，在沸水中焯一下并切成块状；苹果洗净，去核，切成丁。
2. 将切好的莲藕和苹果一起放入榨汁机中，加入水榨汁即可。

❀ 功效解读

莲藕可以清热润肺，凉血化淤；苹果可改善呼吸系统和肺部功能，保护肺部免受空气中灰尘和烟尘的影响。此款蔬果汁能够保护肺部，缓解咳嗽症状。

🕐 制作时间：9分钟　　✖ 制作成本：4元

木瓜菠菜汁

❀ 原料

木瓜··························半个
菠菜··························50 克
酸橙适量

❀ 做法

1. 将菠菜洗净，用热水焯一下并切碎；将木瓜去皮、去子，切成块。
2. 将菠菜、木瓜和酸橙一起放进榨汁机中榨汁即可。

❀ 功效解读

木瓜含有多种酶、维生素和矿物质，有消暑解渴、润肺止咳的功效；菠菜能增强人体免疫力。本品对病毒引起的咳嗽有一定的治疗效果。

🕐 制作时间：8分钟　　✖ 制作成本：6元

柳橙汁

❧ 原料

柳橙……………………………………1个
水……………………………………200毫升
蜂蜜适量

♦ 做法

1. 将柳橙洗净，去皮，将果肉切成块状。
2. 将切好的柳橙放入榨汁机中，加入水榨汁。
3. 将榨好的蔬果汁倒入杯中，加蜂蜜搅匀即可。

✖ 功效解读

柳橙的果皮具有化痰止咳的功效；蜂蜜具有多种功效，还能灭菌消炎。本品对咳嗽能起到缓解的作用。

⊕ 制作时间：6分钟　✖ 制作成本：3元

柳橙菠菜汁

❧ 原料

柳橙……………………………………1个
菠菜……………………………………50克
柠檬……………………………………2片
水……………………………………200毫升

♦ 做法

1. 将柳橙去皮，切块；将菠菜洗净，切碎；将柠檬洗净，备用。
2. 将准备好的柳橙、菠菜和柠檬一起放入榨汁机中，再加入水榨汁即可。

✖ 功效解读

柳橙是治疗感冒咳嗽、胸腹胀痛、哮喘的佳品；菠菜能够改善过敏体质，从而减少因过敏引起的咳嗽、哮喘；柠檬也能祛痰。此款蔬果汁具有清肺、止咳、化痰的功效。

⊕ 制作时间：10分钟　✖ 制作成本：4元

萝卜雪梨橄榄汁

♣ 原料

白萝卜	100 克
雪梨	1 个
橄榄	2 个
水	100 毫升

💧 做法

1. 将白萝卜去皮，洗净，切块；雪梨去皮、去核，切成丁；橄榄洗净，去核，取出果肉。
2. 将准备好的白萝卜、雪梨和橄榄一起放入榨汁机中，加入水榨汁即可。

✖ 功效解读

白萝卜具有止咳化痰、缓解咽喉肿痛的作用；雪梨对于阴虚所致的干咳和内热所致的痰黄都有良好疗效。故此款蔬果汁有利咽化痰、清热解毒的功效。

⏲ 制作时间：8分钟　　✖ 制作成本：7元

橘子雪梨汁

♣ 原料

橘子	半个
雪梨	1 个
水	200 毫升

💧 做法

1. 将橘子连皮洗净，切成块状；将雪梨去皮、去核，切成丁。
2. 将切好的橘子和雪梨一起放入榨汁机中，加入水榨汁即可。

✖ 功效解读

雪梨味甘性寒，具有生津润燥、清热化痰的功效；橘子有通络化痰、顺气活血的功效，常用于治疗痰滞咳嗽等症。此款蔬果汁能够生津润燥、清热化痰、止咳。

⏲ 制作时间：6分钟　　✖ 制作成本：3元

猕猴桃菠萝酸奶

❀ 原料

猕猴桃 ······················· 3 个
菠萝 ······················· 250 克
原味酸奶 ······················· 100 毫升
水 ······················· 120 毫升

♦ 做法

1. 将猕猴桃洗净，去皮，切小丁；菠萝去皮，切成小块。
2. 将猕猴桃和菠萝放入榨汁机中，加入水一起搅打成汁。
3. 将蔬果汁倒入杯中，加入酸奶调匀即可。

✖ 功效解读

此款蔬果汁富含维生素C，能增强人体免疫力，具有预防及治疗感冒的作用。

🕐 制作时间：8分钟　　✖ 制作成本：7元

大蒜胡萝卜汁

❀ 原料

大蒜 ······················· 1 瓣
胡萝卜、甜菜根 ······················· 各1 个
芹菜 ······················· 100 克
水 ······················· 250 毫升

♦ 做法

1. 将大蒜去皮；胡萝卜去皮，切小块；甜菜根洗净，切小块；芹菜洗净，切小段。
2. 将大蒜、胡萝卜、甜菜根和芹菜放入榨汁机中，加入水榨成汁即可。

✖ 功效解读

此款蔬果汁能够防止病毒感染、净化血液、提高心肌功能、降低胆固醇。如果初期感冒能及时饮用1杯，可以有效抑制感冒病毒。

🕐 制作时间：11分钟　　✖ 制作成本：5元

柳橙香蕉酸奶蜜

❖ 原料

柳橙…………………………………2 个
香蕉…………………………………1 根
酸奶………………………………200 毫升
柠檬汁、蜂蜜……………………各20 毫升

💧 做法

1. 将柳橙洗净，去皮，切块；香蕉去皮，切块。
2. 将柳橙块和香蕉块一起放入榨汁机中，再加入酸奶搅打成汁。
3. 将榨好的蔬果汁倒入杯中，加入柠檬汁和蜂蜜调匀即可。

✖ 功效解读

香蕉和柳橙富含的微量元素和维生素，能够增强人体对于感冒的抵抗能力；酸奶对于感冒后身体的恢复有促进作用。此款蔬果汁有预防感冒的功效。

🕐 制作时间：8分钟　　✖ 制作成本：7元

苹果小萝卜汁

❖ 原料

苹果…………………………………半个
小萝卜………………………………2 根
水…………………………………200 毫升

💧 做法

1. 将苹果洗净，去核，切成丁；将小萝卜洗净，去皮，切成块。
2. 将切好的苹果和小萝卜一起放入榨汁机中，再加入水榨汁即可。

✖ 功效解读

此款蔬果汁富含多种维生素和矿物质，能生津解渴、开胃健脾、提高人体免疫力，并可缓解感冒症状。

🕐 制作时间：7分钟　　✖ 制作成本：4元

芒果胡萝卜柳橙汁

🕐 制作时间：10分钟　　✂ 制作成本：5元

🍀 原料

芒果、柳橙 ……………………………… 各半个
胡萝卜 …………………………………… 半根
水 …………………………………… 150 毫升

💧 做法

1. 将芒果和柳橙洗净，均去皮、去核，切成
   小块；胡萝卜去皮，洗净，切成块状。
2. 将芒果、柳橙和胡萝卜一起放入榨汁机
   中，再加入水一起搅打成汁。
3. 将榨好的汁倒入杯中，即可饮用。

❎ 功效解读

成熟的芒果中含有丰富的胡萝卜素，可增
强人体免疫力；胡萝卜和柳橙均富含维生
素A和维生素C，有助于强健体质，轻松
对抗感冒病毒。故此款蔬果汁对流行性感
冒有较好的预防和调理作用。

　　芒果是营养价值极高的水果，含有大量的维生素。经常食
用芒果，可以起到滋润肌肤的作用。另外，芒果还有清肠胃、
抗癌、防治高血压、缓解便秘和杀菌的功效。

西芹香蕉汁

♣ 原料

西芹······················50 克
香蕉······················1 根
水························200 毫升

♦ 做法

1. 将西芹洗净，去叶，切碎；将香蕉去皮，切成块状。
2. 将切好的西芹和香蕉一起放入榨汁机中，加入水榨汁即可。

✖ 功效解读

西芹具有平肝清热、促进血液循环的功效，多食能够安定情绪、消除烦躁；香蕉会使人精神愉快、心情舒畅。此款蔬果汁能够作用于神经系统，可以缓解感冒引起的头痛。

🕒 制作时间：6分钟　　✖ 制作成本：3元

柳橙香蕉酸奶汁

♣ 原料

柳橙······················1 个
香蕉······················1 根
酸奶······················200 毫升

♦ 做法

1. 将柳橙去皮，切块；剥去香蕉的皮和果肉上的果络，切段。
2. 将准备好的柳橙和香蕉一起放入榨汁机中，加入酸奶榨汁即可。

✖ 功效解读

香蕉富含多种维生素和微量元素，能促进消化、提高免疫力；酸奶中乳酸菌可以产生一些增强免疫功能的物质。故本品可防治感冒。

🕒 制作时间：8分钟　　✖ 制作成本：5元

菠菜香蕉汁

♣ 原料

菠菜··· 100 克
香蕉··· 1 根
柠檬水··································· 100 毫升

♦ 做法

1. 将菠菜洗净，去根，切碎；剥去香蕉的皮和果肉上的果络，切成块状。
2. 将菠菜和香蕉一起放入榨汁机中，加入柠檬水一起搅打成汁即可。

✖ 功效解读

菠菜含有丰富的营养物质，能够促进人体新陈代谢，增强抗病能力，加快感冒的好转；香蕉亦能够缓解感冒引起的不适，增强人体对感冒的抵抗能力。故此款蔬果汁能够预防和缓解感冒带来的症状。

⊙ 制作时间：6分钟　　✖ 制作成本：2元

菠菜柳橙苹果汁

♣ 原料

菠菜··· 100 克
柳橙、苹果································· 各1 个
水··· 200 毫升

♦ 做法

1. 将菠菜去根，洗净，切碎；柳橙去皮，切块；苹果洗净，去核，切成块状。
2. 将菠菜、柳橙和苹果一起放入榨汁机中，加入水一起榨汁即可。

✖ 功效解读

柳橙富含维生素C，能增强人体免疫力；菠菜富含多种营养物质，能增强人体抗病能力。故本款蔬果汁有防治感冒的作用。

⊙ 制作时间：11分钟　　✖ 制作成本：5元

苹果莲藕柳橙汁

♣ 原料
苹果、柳橙 ······························· 各1 个
莲藕 ···································· 100 克
水 ···································· 200 毫升

♦ 做法
1. 将苹果洗净，去核，切成块状；将柳橙去皮，切块；莲藕洗净，去皮，切成丁。
2. 将准备好的苹果、莲藕和柳橙一起放入榨汁机中，加入水榨汁即可。

✖ 功效解读
苹果含有多种微量元素，可增强人体对于感冒的抵抗能力；莲藕含有丰富的维生素和矿物质，能防治感冒、咽喉疼痛等多种疾病。此款蔬果汁能够预防感冒。

⏱ 制作时间：10分钟　✖ 制作成本：6元

菠菜橘子汁

♣ 原料
菠菜 ···································· 100 克
橘子 ······································ 1 个
水 ···································· 200 毫升

♦ 做法
1. 将菠菜洗净，切碎；橘子去皮，掰瓣。
2. 将准备好的菠菜和橘子一起放入榨汁机中，加入水榨汁即可。

✖ 功效解读
橘子有通经络、顺气、润肺、止咳、化痰的功效，可缓解感冒症状；菠菜中的胡萝卜素在人体中可转换为维生素A，能够增加免疫力，预防感冒的发生。故此款蔬果汁能够预防和调治感冒。

⏱ 制作时间：6分钟　✖ 制作成本：3元

⊕ 制作时间：14分钟　✖ 制作成本：8元

芦笋西红柿汁

♣ 原料

芦笋·····························300 克
西红柿·························半个
牛奶···························200 毫升
水适量

◐ 做法

1. 将芦笋洗净，切块，先放入榨汁机中榨汁，备用；西红柿洗净，去皮，切小块。
2. 将西红柿放入榨汁机中，再加入水一起榨汁，倒入杯中。
3. 在榨好的西红柿汁中加入芦笋汁和牛奶，调匀即可。

✖ 功效解读

芦笋具有调节机体代谢，提高身体免疫力的功效。故此款蔬果汁能够提高人体免疫力。

油菜芹菜汁

♣ 原料

油菜、卷心菜·····················各50 克
芹菜···························100 克
柠檬汁适量

◐ 做法

1. 将卷心菜洗净，切碎；将油菜洗净，切碎；将芹菜洗净，切段。
2. 将卷心菜、芹菜和油菜一起放入榨汁机中榨汁。
3. 将榨好的蔬果汁倒入杯中，加入柠檬汁调匀即可。

✖ 功效解读

卷心菜能提高人体免疫力，预防感冒；油菜具有活血化淤，降低血脂的作用，还有助于增强人体免疫能力。此款蔬果汁有增强免疫力的功效。

⊕ 制作时间：8分钟　✖ 制作成本：3元

莲藕柿子汁

♣ 原料

莲藕·······························30 克
生姜·······························2 克
柿子·······························90 克
冰水·······························300 毫升
蜂蜜·······························10 毫升

♦ 做法

1. 将莲藕和柿子均洗净，去皮，切块；将生姜洗净，切块。
2. 将莲藕、柿子和生姜放入榨汁机中，加入冰水一起搅打成汁，滤出果肉。
3. 将蔬果汁倒入杯中，加入蜂蜜调匀即可。

✖ 功效解读

莲藕既富有营养，又易于消化，为老幼体虚者理想的营养佳品；生姜能够开胃健脾、促进食欲、消肿止痛；柿子能促进人体新陈代谢。此款蔬果汁能增强人体免疫力，开胃健脾。

⏱ 制作时间：7分钟　　✖ 制作成本：6元

⏱ 制作时间：8分钟　　✖ 制作成本：4元

洋葱草莓酸汁

♣ 原料

洋葱·······························70 克
山楂·······························5 颗
草莓·······························50 克
柠檬·······························半个

♦ 做法

1. 将洋葱洗净，切成细丝；草莓洗净，去蒂备用；柠檬洗净，切片；山楂洗净，切开，去核备用。
2. 将洋葱、山楂、柠檬和草莓倒入榨汁机内榨汁即可。

✖ 功效解读

洋葱能刺激人体免疫反应，从而抑制癌细胞的分裂和生长；山楂是活血化痰的良药；草莓、柠檬中维生素含量丰富，能够增强人体的免疫力。故此款蔬果汁能够增强人体免疫力。

菠菜汁

🕐 制作时间：6分钟　　✖ 制作成本：3元

♣ 原料

菠菜·····················100 克
水·······················50 毫升
蜂蜜适量

♦ 做法

1. 将菠菜洗净，去根，切成小段。
2. 将菠菜放入榨汁机中，加入水搅打成汁。
3. 将榨好的菠菜汁倒入杯中，加蜂蜜调匀即可。

✖ 功效解读

菠菜含有的胡萝卜素在人体内能转变为维生素A，可以维护视力和上皮细胞的健康，增加预防传染病的能力，促进儿童生长发育；菠菜所含的铁元素，对缺铁性贫血有较好的辅助治疗作用；菠菜还能促进人体新陈代谢、抗衰老、增强身体健康。蜂蜜具有增强体力、消除疲劳、增强免疫力的功效。故此款蔬果汁具有增强人体免疫力的功效。

爱心贴士

菠菜有"营养模范生"的美誉，富含类胡萝卜素、维生素C、维生素K，以及钙、铁等矿物质。中医认为，菠菜具有养血、止血、敛阴、润燥的功效，可治衄血、便血、坏血病，还能治消渴、大便涩滞等症。

参须汁

♣ 原料

参须·······················200 克
牛奶·······················150 毫升
蜂蜜·······················15 毫升

♦ 做法

1. 将参须用水洗净，切小段。
2. 把参须放入榨汁机内，加入牛奶榨汁。
3. 把榨好的参须牛奶汁倒入杯中，再加入蜂蜜调匀即可。

✖ 功效解读

人参的肉质根为著名强壮滋补药，适用于调整血压、恢复心脏功能、神经衰弱及身体虚弱等症，也有祛痰、健胃、利尿、兴奋等功效。故此款蔬果汁能增强人体免疫力、缓解疲劳。

🕐 制作时间：13分钟　　✖ 制作成本：55元

🕐 制作时间：9分钟　　✖ 制作成本：3元

南瓜豆浆汁

♣ 原料

南瓜·······················60 克
豆浆·······················300 毫升
果糖适量

♦ 做法

1. 将南瓜去籽，洗净，切小块，排列在耐热容器上，盖保鲜膜，放入微波炉加热1.5分钟，至变软。
2. 待南瓜冷却后去皮，放入榨汁机中，再加入豆浆一起搅打成汁。
3. 将榨好的汁倒入杯中，加果糖调匀即可。

✖ 功效解读

南瓜含有的多糖是一种非特异性免疫增强剂，能提高人体免疫功能，促进细胞因子生成，并对人体免疫系统发挥多方面的调节功能；豆浆也有较强的滋补功效。故此款蔬果汁能增强人体免疫力。

胡萝卜柑橘汁

🍀 原料

胡萝卜 ·······························1根
柑橘·······························6个
冰块适量

💧 做法

1. 将胡萝卜洗净，切成大块；柑橘洗净，去皮、去籽，切块。
2. 将柑橘块和胡萝卜块放入榨汁机中榨汁。
3. 把榨好的蔬果汁倒入放有冰块的杯中，调匀即可。

✂ 功效解读

胡萝卜对多种脏器均有保护作用，能增强人体免疫力，还有抗癌功效，并可减轻癌症病人的化疗反应。柑橘富含维生素C，可增强人体免疫力。故此款蔬果汁有缓解人体免疫力低下的功效。

🕐 制作时间：13分钟　　✂ 制作成本：7元

胡萝卜冰糖汁

🍀 原料

胡萝卜 ·····························半根
西红柿·····························半个
柳橙·······························1个
冰糖适量

💧 做法

1. 将西红柿洗净，切成块；胡萝卜洗净，切成片；柳橙剥皮备用。
2. 将西红柿、胡萝卜和柳橙放入榨汁机中搅打成汁。
3. 将榨好的汁倒入杯中，加入冰糖调匀即可。

✂ 功效解读

胡萝卜对多种脏器均有保护作用，能增强人体免疫力；西红柿和柳橙均富含维生素C，亦有增强人体免疫力的功效，而且二者还可以健脾和胃、促进消化，有助于增强体力。故本品可有效提高人体的免疫力。

🕐 制作时间：11分钟　　✂ 制作成本：4元

黄瓜苹果菠萝汁

❧ 原料

黄瓜	1 根
菠萝、柠檬	各1/4 个
苹果	半个
生姜	2 克

❧ 做法

1. 将苹果洗净，去皮、去核，切块；黄瓜、菠萝均洗净，去皮后切块；生姜洗净，切片；将柠檬先用压汁机压汁备用。
2. 将苹果、黄瓜、菠萝和生姜一起放进榨汁机中榨成汁。
3. 将榨好的蔬果汁倒入杯中，加入柠檬汁调匀即可。

❧ 功效解读

苹果和菠萝不仅营养丰富，而且富含膳食纤维，能够促进肠胃蠕动，通肠排便，增强人体的免疫能力；生姜也能够增强人体的抗病能力。此款蔬果汁能够加强人体的免疫力。

🕐 制作时间：11分钟　　✖ 制作成本：5元

黄瓜西瓜芹菜汁

❧ 原料

黄瓜	半根
西瓜	150 克
芹菜	20 克

❧ 做法

1. 将黄瓜洗净，去皮，切条；西瓜去皮、籽，切成块；芹菜去叶，洗净，切成段。
2. 将黄瓜、西瓜和芹菜一起放入榨汁机中，榨成汁即可。

❧ 功效解读

黄瓜、西瓜和芹菜均富含膳食纤维、多种维生素和矿物质。三者搭配榨汁，能促进消化，并进一步提高免疫力。

🕐 制作时间：12分钟　　✖ 制作成本：5元

⏱ 制作时间：13分钟　✖ 制作成本：8元

莲藕菠萝芒果汁

☘ 原料

莲藕……………………………………30 克
菠萝……………………………………50 克
芒果……………………………………半个
冰水………………………………… 300 毫升
柠檬汁适量

💧 做法

1. 将菠萝和莲藕均洗净，去皮，切块；芒果洗净，去皮、去核，切块。
2. 将切好的菠萝、莲藕和芒果一起放入榨汁机中，再加冰水搅打成汁，滤出果肉。
3. 将蔬果汁倒入杯中，加柠檬汁调匀即可。

✖ 功效解读

莲藕能消食止泻、开胃清热、滋补养性；菠萝能利尿、开胃顺气、助消化、消除疲劳感；芒果具有清肠胃、防癌抗癌、美肤的作用。此款蔬果汁能提升抗病能力。

葡萄柚柳橙汁

☘ 原料

葡萄柚……………………………………1 个
柳橙……………………………………半个

💧 做法

1. 将葡萄柚和柳橙均洗净，切块。
2. 将柳橙和葡萄柚一起放入榨汁机中榨汁，倒入杯中即可。

✖ 功效解读

葡萄柚含有的维生素C和柠檬酸，可帮助伤口愈合及促进铁质的吸收；柳橙搭配葡萄柚独特的果胶，除了能降低胆固醇外，还有增强抵抗力的作用。故此款蔬果汁能够增强人体的抗病能力。

⏱ 制作时间：8分钟　✖ 制作成本：7元

西蓝花鳄梨汁

✿ 原料

西蓝花·······························100 克
鳄梨··································70 克
核桃仁································10 克
乳酸菌饮料·························150 毫升
柠檬汁、蜂蜜各适量

● 做法

1. 将西蓝花去梗，切成小朵，洗净；核桃仁切碎；鳄梨去皮、去籽，切成小块，淋上柠檬汁拌匀。
2. 将西蓝花、核桃仁和鳄梨一起放入榨汁机中，加入乳酸菌饮料榨汁。
3. 把榨好的蔬果汁倒入杯中，再加入蜂蜜调匀即可。

✖ 功效解读

此款蔬果汁能强身健体、提升免疫力，对癌症还有一定的预防作用。

⊙ 制作时间：12分钟   ✖ 制作成本：8元

紫甘蓝橘子汁

✿ 原料

紫甘蓝·······························100 克
胡萝卜·······························1/3 根
芹菜··································75 克
橘子··································1 个
水···································300 毫升
蜂蜜、柠檬汁·························各10 毫升

● 做法

1. 将紫甘蓝和芹菜均洗净，切小块；胡萝卜洗净，去皮，切块；橘子去皮、去籽，剥瓣。
2. 将紫甘蓝、芹菜、胡萝卜和橘子放入榨汁机中，加入水搅打成汁。
3. 把榨好的蔬果汁倒入杯中，加入蜂蜜和柠檬汁调匀即可。

✖ 功效解读

此款蔬果汁具有降血压、保护视力及提高免疫力的功效。

⊙ 制作时间：10分钟   ✖ 制作成本：6元

红黄甜椒汁

⏱ 制作时间：7分钟　　✂ 制作成本：3元

☘ **原料**

红甜椒、黄甜椒 ·································· 各半个
水 ·· 120 毫升

💧 **做法**

1. 将红、黄甜椒均洗净，剖开，去籽，切成长条状备用。
2. 将红、黄甜椒一起放入榨汁机中，再加入水搅打成汁即可。

✖ **功效解读**

各种颜色的甜椒均含有丰富的维生素C、维生素B$_6$、叶酸和钾，能够预防感冒、促进血液循环、预防心脏病；此外，甜椒还有含量丰富的胡萝卜素，具有保护视力的作用。此款蔬果汁不但能增强人体免疫力，还能有效预防癌症。

爱心贴士

　　甜椒既可以生吃也可以熟食，适合牙龈出血、视网膜出血、免疫力低下者，以及糖尿病患者食用；但溃疡、食管炎、咳嗽、咽喉肿痛者应注意少食。

莲藕柠檬汁

🍀 原料

莲藕·····················150 克
苹果·······················1 个
柠檬······················半个

💧 做法

1. 将莲藕洗净，切成块；苹果洗净，去皮、去核，切成块；柠檬洗净，切成片。
2. 将莲藕、苹果和柠檬一起放入榨汁机内榨汁即可。

✖ 功效解读

莲藕能消食止泻、开胃清热、滋补养性，是儿童、老年人，以及体弱多病者的滋补佳品；柠檬富含维生素C，有增强人体免疫力的作用。本品具有增强人体免疫力的功效。

🕐 制作时间：11分钟　　✖ 制作成本：5元

🕐 制作时间：12分钟　　✖ 制作成本：8元

西芹菠萝牛奶汁

🍀 原料

西芹·····················100 克
牛奶··················200 毫升
菠萝·····················200 克
蜂蜜····················10 毫升

💧 做法

1. 将西芹洗净，摘下叶片，切段；菠萝去皮，洗净后切成小块。
2. 将西芹和菠萝放入榨汁机内，加入牛奶一起搅打成汁。
3. 把榨好的蔬果汁倒入杯中，再加入蜂蜜调匀即可。

✖ 功效解读

西芹具有平肝降压、镇定安神的作用，此外西芹因富含铁元素，而有补血的功效；菠萝可健胃消食、促进消化。故本款蔬果汁具有强壮身体、提高免疫力的作用。

油菜李子汁

♣ 原料
油菜·····························50 克
李子······························4 个
冰块适量

♠ 做法
1. 将油菜洗净，切碎；将李子洗净，去皮、去核，切小块。
2. 将油菜和李子放入榨汁机中榨汁。
3. 把榨好的蔬果汁倒入放有冰块的杯中，调匀即可。

✖ 功效解读
油菜能降低血脂、促进血液循环、增强肝脏的排毒功能、促进肠道蠕动，还有助于增强人体免疫能力；李子有改善食欲、促进消化的作用。此款蔬果汁能够强壮体质、增强免疫力。

⏱ 制作时间：7分钟　　✖ 制作成本：4元

木瓜莴笋汁

♣ 原料
木瓜··························· 100 克
苹果······························ 1 个
莴笋······························50 克
柠檬······························半个
蜂蜜、水各适量

♠ 做法
1. 将木瓜和苹果均洗净，去皮、去核，切小块；莴笋洗净，切小片；柠檬洗净，切块。
2. 将木瓜、苹果、莴笋和柠檬放入榨汁机内，加入水搅打成汁。
3. 将蔬果汁倒入杯中，再加入蜂蜜调匀即可。

✖ 功效解读
木瓜含有胡萝卜素和丰富的维生素C，能够帮助机体修复组织，消除有毒物质，帮助机体抵抗病毒侵袭。此款蔬果汁能够增强人体的免疫能力。

⏱ 制作时间：10分钟　　✖ 制作成本：11元

草莓柠檬酸奶汁

☘ 原料

草莓·······························250 克
酸奶····························· 200 毫升
柠檬······························· 30 克

♦ 做法

1. 将草莓洗净，去蒂，切块；将柠檬洗净，切片。
2. 将所有材料放入榨汁机一起搅打均匀即可。

✖ 功效解读

草莓对胃肠道和贫血均有一定的滋补和调理作用；酸奶含有乳酸菌可以产生一些增强免疫功能的物质，可以提高人体免疫力、防止疾病。故此款蔬果汁有增强人体免疫力的功效。

⏱ 制作时间：5分钟　　✖ 制作成本：5元

⏱ 制作时间：8分钟　　✖ 制作成本：6元

桑葚青梅杨桃汁

☘ 原料

桑葚······························· 80 克
青梅······························· 40 克
杨桃······························· 50 克
水······························ 200 毫升

♦ 做法

1. 将桑葚洗净；青梅洗净，去皮、去核；杨桃洗净后切块。
2. 将所有材料放入榨汁机中搅打成汁即可。

✖ 功效解读

桑葚含有花青素与桑葚多糖，这两种成分都能抗氧化，可调节免疫力、抗疲劳；青梅富含多种有机酸和丰富的矿物质，具有净血、整肠、降血脂、增强人体免疫力等功效；新鲜杨桃含大量的维生素C，能提高免疫力。故饮用本品可提高免疫力。

⊙ 制作时间：10分钟　　✖ 制作成本：4元

胡萝卜红薯蜜汁

♣ 原料

胡萝卜·······················半根
红薯···························50 克
西芹···························25 克
蜂蜜··························10 毫升
冰水························200 毫升

♠ 做法

1. 将红薯洗净，煮熟，去皮，切块；胡萝卜洗净，带皮切块；西芹洗净，切段。
2. 将红薯、胡萝卜和西芹放入榨汁机中，加入冰水一起搅打成汁。
3. 将蔬果汁倒入杯中，加入蜂蜜调匀即可。

✖ 功效解读

此款蔬果汁富含多种维生素和矿物质，能快速补充身体缺失、缓解疲劳。

卷心菜莴笋汁

♣ 原料

莴笋、卷心菜·····················各100 克
苹果·····························半个
水·····························300 毫升
蜂蜜适量

♠ 做法

1. 将莴笋去皮，和卷心菜一起洗净，切块；苹果洗净，去皮、去核，切块。
2. 将切好的莴笋、卷心菜和苹果放入榨汁机中，加入水一起搅打成汁。
3. 在榨好的蔬果汁中加入蜂蜜调匀即可。

✖ 功效解读

卷心菜和莴笋均富含多种维生素和矿物质，能补充人体缺失；苹果可使人心情放松。本款蔬果汁有助于缓解疲劳和压力。

⊙ 制作时间：8分钟　　✖ 制作成本：4元

菠菜黑芝麻奶蜜

❀ 原料

菠菜……………………………………50 克
黑芝麻…………………………………10 克
牛奶…………………………………200 毫升
蜂蜜适量

♦ 做法

1. 将菠菜洗净，去根，切段。
2. 将菠菜和黑芝麻放入榨汁机中，加入牛奶榨成汁。
3. 在榨好的蔬果汁中加入蜂蜜调匀即可。

✖ 功效解读

牛奶不仅营养丰富，而且人体吸收利用率高，能够迅速补充人体活力；黑芝麻含有优质蛋白质和丰富的矿物质。此款蔬果汁能够保障营养供给，缓解疲劳。

🕐 制作时间：5分钟　　✖ 制作成本：4元

白萝卜汁

❀ 原料

白萝卜……………………………………50 克
蜂蜜……………………………………20 毫升
水………………………………………350 毫升
醋适量

♦ 做法

1. 将白萝卜洗净，去皮，切成丝。
2. 将白萝卜放入榨汁机中，加水搅打成汁。
3. 将榨好的蔬果汁倒入杯中，加入蜂蜜和醋调匀即可。

✖ 功效解读

白萝卜有消食化滞、健脾开胃的功效，有助于人体补充能量，而且白萝卜还能清热、顺气化痰；蜂蜜亦有助于补充体力、消除疲劳。故本品有助于缓解疲劳。

🕐 制作时间：8分钟　　✖ 制作成本：3元

西红柿芹菜酸奶汁

⏱ 制作时间：6分钟　　✖ 制作成本：5元

☘ 原料

西红柿 ……………………………… 1 个
芹菜 ………………………………… 50 克
酸奶 ……………………………… 300 毫升

💧 做法

1. 将西红柿洗净，去蒂，切小块；芹菜洗净，切段。
2. 将西红柿和芹菜一起放入榨汁机中，加入酸奶搅打成汁即可。

✖ 功效解读

西红柿和芹菜均富含多种维生素和矿物质，以及膳食纤维，具有促进人体新陈代谢、增进食欲、排除宿便、消除疲劳的功效；芹菜还有平肝清热、除烦消肿、凉血止血、解毒宣肺、降低血压、健脑镇静的功效。酸奶含有多种酶，能促进消化吸收；酸奶中的乳酸菌还可以产生一些能增强免疫功能的物质，可以提高人体免疫。所以此款蔬果汁具有提高免疫力、缓解疲劳、振作精神的功效。

爱心贴士

　　每天喝一杯西红柿汁，对祛斑有较好的作用。因为西红柿中含有丰富的谷胱甘肽，有抑制黑色素的功效，从而使沉着的色素减退或消失。

苹果芹菜油菜汁

🍀 原料

苹果	半个
芹菜、油菜	各30 克
蜂蜜	10 毫升
冰水	300 毫升

💧 做法

1. 将苹果洗净，去皮、去核，切块；芹菜洗净，去叶，切段；油菜洗净，去根，切碎。
2. 将苹果、芹菜和油菜放入榨汁机中，加入冰水搅打成汁，滤出果肉，倒入杯中。
3. 在榨好的蔬果汁中加入蜂蜜调匀即可。

❋ 功效解读

苹果、芹菜和油菜都富含各种维生素和矿物质，膳食纤维也很丰富，能够利尿、通肠排便，有助于身体中毒素的排出。此款蔬果汁能够迅速补充人体所需营养，增强活力，缓解疲劳。

🕐 制作时间：10分钟　　✄ 制作成本：5元

🕐 制作时间：10分钟　　✄ 制作成本：15元

毛豆香蕉汁

🍀 原料

毛豆	50 克
香蕉	1 根
牛奶	400 毫升
豆粉、蜂蜜	各10 毫升

💧 做法

1. 将香蕉去皮，切小块；将毛豆煮熟，并取出豆粒。
2. 将香蕉和毛豆放入榨汁机，加入牛奶一起搅打成汁，滤出果肉。
3. 将榨好的蔬果汁倒入杯中，加入豆粉和蜂蜜调匀即可。

❋ 功效解读

毛豆具有强健脾胃、润燥益气的功效；香蕉含有多种微量元素和维生素，能帮助肌肉放松，使人身心愉悦。此款蔬果汁能够缓解疲劳，使人放松心情。

蔬菜菠萝汁

♣ 原料

茼蒿、卷心菜、菠萝 ·······················各100 克
冰块适量

♦ 做法

1. 将茼蒿和卷心菜均洗净，切小块；将菠萝去皮，洗净，切块。
2. 将茼蒿、卷心菜和菠萝放入榨汁机中，一起搅打成汁。
3. 把榨好的蔬果汁倒入放有冰块的杯中，调匀即可。

✖ 功效解读

茼蒿气味芬芳，能够稳定情绪、缓解疲劳；卷心菜的保健效果很好，可益心力、壮筋骨；菠萝富含维生素B_1，能促进新陈代谢，消除疲劳感。故此款蔬果汁可缓解疲劳。

🕐 制作时间：8分钟　　✖ 制作成本：5元

土豆莲藕蜜汁

♣ 原料

土豆、莲藕 ······························ 各80 克
蜂蜜······································ 20 毫升
碎冰适量

♦ 做法

1. 将土豆及莲藕均洗净，去皮，煮熟，待凉后切成小块。
2. 将土豆、莲藕和碎冰一起放入榨汁机中，以高速搅打成汁。
3. 将榨好的蔬果汁倒入杯中，加蜂蜜搅匀即可。

✖ 功效解读

土豆含有多种维生素和无机盐，具有抗衰老、解毒、消肿、防癌的功效；莲藕可以补五脏之虚、强壮筋骨、滋阴养血。此款蔬果汁能够补充人体所需营养物质，缓解疲劳。

🕐 制作时间：11分钟　　✖ 制作成本：5元

西芹苹果薄荷汁

♣ 原料

柠檬·······························1/4 个
苹果································1 个
薄荷································8 克
西芹·······························25 克

● 做法

1. 将苹果、薄荷、西芹和柠檬均洗净；苹果去皮、去核，切块；西芹切小段；将柠檬用压汁机压成汁备用。
2. 将苹果、薄荷和西芹放入榨汁机中榨汁。
3. 将榨好的汁和柠檬汁一起倒入杯中混合，搅匀即可。

✖ 功效解读

苹果的香味有镇静作用，能够缓解疲劳感；西芹富含膳食纤维，可以促进毒素排出体外；薄荷能够清新怡神。故此款蔬果汁是缓解疲劳的佳品。

🕐 制作时间：10分钟 ✖ 制作成本：5元

荸荠山药酸奶汁

♣ 原料

酸奶·······························250 毫升
水·································300 毫升
荸荠、山药、木瓜、菠萝、蜂蜜各适量

● 做法

1. 将荸荠、山药和菠萝均去皮，洗净，切块；木瓜去子，挖出果肉。
2. 将荸荠、山药、木瓜、菠萝和酸奶一起放入榨汁机中，加入水搅打成汁。
3. 将榨好的蔬果汁倒入杯中，再加入蜂蜜调匀即可。

✖ 功效解读

荸荠不仅可以促进人体代谢，还具有一定的抑菌功效；山药具有滋补、强健机体的作用；木瓜有很强的抗氧化能力，能够帮助机体修复组织。此款蔬果汁具有促进消化、补充能量、缓解疲劳的功效。

🕐 制作时间：11分钟 ✖ 制作成本：10元

03

补血抗衰老，
调理妇科病

　　女性时常要面对贫血、经期不适、更年期、妇科病等烦恼，现在带来解决的方法——一杯鲜榨蔬果汁！本章汇集了41款的鲜榨蔬果汁，不仅能够有针对性地调理和改善各年龄段女性所遇到的主要生理问题，而且这些蔬果汁还具有促进身体新陈代谢、加速毒素排出体外的作用，有助于美容养颜、减肥瘦身。

哈密瓜柳橙汁

🍀 **原料**

哈密瓜 ······································40 克
柳橙 ··1 个
牛奶 ··90 毫升
蜂蜜 ··8 毫升

💧 **做法**

1. 将哈密瓜洗净，去皮、去瓤，切块；柳橙洗净，切开。
2. 将哈密瓜和柳橙放入榨汁机内，再加入牛奶榨成汁。
3. 将蔬果汁倒入杯中，加入蜂蜜调匀即可。

✖ **功效解读**

哈密瓜中的维生素有利于人体心脏和肝脏工作，能够促进内分泌和改善造血机能。故此款蔬果汁对贫血有一定的疗效。

樱桃酸奶汁

🍀 **原料**

樱桃 ···75 克
酸奶 ··80 毫升
水 ···100 毫升
碎冰 ···120 克

💧 **做法**

1. 将樱桃洗净，去核，切小块。
2. 将樱桃放入榨汁机中，加入酸奶、水，以高速搅打成汁。
3. 将榨好的蔬果汁倒入放有碎冰的杯中即可。

✖ **功效解读**

樱桃可补充身体对铁元素的需求，促进血红蛋白再生，防治缺铁性贫血；酸奶能够帮助造血干细胞的生长。此款蔬果汁能够预防和改善贫血症状。

西蓝花菠菜汁

♣ 原料

西蓝花、菠菜、葱白 ························ 各60克
蜂蜜 ·································· 30 毫升
水 ··································· 80 毫升

♦ 做法

1. 将西蓝花洗净，切块；将葱白和菠菜均洗净，切段。
2. 将西蓝花、菠菜和葱白放入榨汁机中，加入水榨成汁。
3. 将榨好的蔬果汁倒入杯中，加蜂蜜搅匀即可。

✖ 功效解读

西蓝花中钙和铁的含量非常丰富，能够促进造血；菠菜富含类胡萝卜素和抗坏血酸，具有补血功能；蜂蜜能促进造血细胞再生。此款蔬果汁能够预防和治疗贫血。

⊕ 制作时间：11分钟   ✖ 制作成本：4元

⊕ 制作时间：8分钟   ✖ 制作成本：4元

菠萝西红柿汁

♣ 原料

菠萝 ································· 50 克
西红柿 ································ 1 个
柠檬 ································· 半个
蜂蜜适量

♦ 做法

1. 将菠萝去皮，洗净，切块；西红柿洗净，切块；柠檬洗净，切片。
2. 将菠萝、西红柿和柠檬放入榨汁机内，以高速搅打成汁。
3. 将蔬果汁倒入杯中，加入蜂蜜调匀即可。

✖ 功效解读

菠萝能够改善血液循环，促进造血功能；西红柿能够增强小血管功能，预防血管老化；柠檬能够维持造血细胞的生成，并使它们保持正常的生理机能。此款蔬果汁能够预防贫血。

橘柚汁

🕐 制作时间：5分钟　　✖ 制作成本：8元

🍀 原料
柚子、橘柚、橘子……………………各1个
柠檬汁、冰块、柑橙类水果切片各适量

● 做法
1. 将柚子、橘柚、橘子均洗净，对切，一一用压汁机压汁备用。

2. 将压出的果汁倒入杯中混合，再加入柠檬汁和冰块搅匀即可。
3. 最后在杯中放入一些柑橙类的水果切片作装饰即可。

✖ 功效解读
这款果蔬汁色彩鲜艳、酸甜可口，含有大量的维生素C，可以降低血液中的胆固醇含量，具有健胃、润肺、补血、清肠、利便等功效，还可促进伤口愈合，对贫血症状有良好的辅助疗效。

爱心贴士

　　橘子全身是宝，具有润肺、止咳、化痰、健脾、顺气、止渴的功效，肉、皮、络、核、叶皆可入药，在日常生活中发挥着重要的作用。

哈密瓜苦瓜汁

♣ 原料
哈密瓜 ·······························100 克
苦瓜································50 克
酸奶·····························200 毫升

● 做法
1. 将哈密瓜去皮、去瓤，切块；将苦瓜洗净，去瓤，切块。
2. 将哈密瓜和苦瓜放入榨汁机内，加入酸奶搅打成汁即可。

✖ 功效解读
哈密瓜中的维生素有利于人体心脏和肝脏工作，能够增强造血机能；苦瓜可以强化毛细血管，促进血液循环；酸奶有降血脂的功效，能够保护心脑血管的健康。此款蔬果汁能够预防和治疗贫血。

🕐 制作时间：6分钟　　✖ 制作成本：5元

红葡萄汁

♣ 原料
红葡萄 ·····························200 克
水 ·······························100 毫升
蜂蜜·······························10 毫升

● 做法
1. 将红葡萄洗净，去籽。
2. 将红葡萄放入榨汁机中，加入水，以高速搅打成汁，滤渣后倒入杯中。
3. 在榨好的蔬果汁中加入蜂蜜，调匀即可。

✖ 功效解读
葡萄中糖和铁的含量很高，能够促进造血细胞的功能，是贫血者的滋补佳品；蜂蜜能够改进血液成分，保持血管的弹性。此款蔬果汁对贫血有较好的疗效。

🕐 制作时间：8分钟　　✖ 制作成本：4元

胡萝卜蔬果汁

♣ 原料

胡萝卜·····································半根
苹果、柳橙·····························各1/4 个
卷心菜·····································80 克
菠菜·······································30 克
水、蜂蜜各适量

◆ 做法

1. 将胡萝卜、苹果和柳橙去皮，切块；卷心菜和菠菜洗净，切碎。
2. 将胡萝卜、苹果、柳橙、卷心菜和菠菜放入榨汁机中，再加入水搅打成汁。
3. 将蔬果汁倒入杯中，加入蜂蜜调匀即可。

✖ 功效解读

此款蔬果汁富含铁、叶酸及多种维生素，对治疗贫血有较好的疗效。

🕐 制作时间：11分钟　　✖ 制作成本：7元

樱桃西红柿酸奶

♣ 原料

樱桃·······································30 克
西红柿·····································2 个
原味酸奶·································200 毫升
冰块、蜂蜜各适量

◆ 做法

1. 将樱桃洗净，去梗、去核；将西红柿洗净，切块。
2. 将樱桃和西红柿块放入榨汁机中，加入原味酸奶，以高速搅打成汁。
3. 将榨好的蔬果汁倒入杯中，加冰块和蜂蜜搅匀即可。

✖ 功效解读

西红柿可增强微血管功能，预防血管老化；樱桃可补充体内对铁元素的需求，促进血红蛋白再生，防治缺铁性贫血。故此款蔬果汁能够预防和治疗贫血。

🕐 制作时间：8分钟　　✖ 制作成本：5元

柑橘茉莉花汁

♣ 原料

柑橘······························1 个
干燥茉莉花··························30 克
热开水·························100 毫升
冰块适量

♦ 做法

1. 将干燥茉莉花放入杯中，注入热开水加盖焖10分钟，泡至花香味散出，待凉备用；将柑橘去皮。
2. 将柑橘放入榨汁机中，加入茉莉花茶快速搅打成汁。
3. 将蔬果汁倒入杯中，加入冰块调匀即可。

✖ 功效解读

柑橘能够促进血液循环，它含有的维生素可以维持造血细胞的正常生理机能；茉莉花茶能够清热补血，有效地改善贫血。故此款蔬果汁能够有效地改善贫血症状。

🕐 制作时间：15分钟　　✖ 制作成本：3元

🕐 制作时间：7分钟　　✖ 制作成本：6元

核桃苹果牛奶汁

♣ 原料

苹果······························1 个
核桃仁、腰果························各10 克
低脂牛奶·······················400 毫升

♦ 做法

1. 将苹果洗净，去皮去核，切成小块。
2. 将苹果、核桃仁和腰果一起放入榨汁机中，加入低脂牛奶榨汁即可。

✖ 功效解读

苹果含有的磷和铁等元素，有补血养血的作用；核桃仁能够通润血脉，补气养血；腰果具有抗氧化、抗衰老、抗肿瘤和抗心血管病的作用，还能维护心脑血管的健康。故此款蔬果汁具有补血的功效。

111

草莓牛奶汁

❧ 原料

草莓·······························35 克
牛奶···························· 200 毫升

◊ 做法

1. 将草莓去掉叶子，洗净后切成块状。
2. 将切好的草莓放入榨汁机中，再加入牛奶榨汁即可。

✖ 功效解读

草莓有预防贫血的功效，对再生障碍性贫血亦有辅助治疗作用；牛奶可以补气血，滋五脏。此款蔬果汁对贫血有防治功效，适合气血不足的人群饮用。

🕐 制作时间：7分钟　　✖ 制作成本：4元

梅脯红茶汁

❧ 原料

梅脯·······························4 颗
红茶···························· 200 毫升

◊ 做法

1. 将梅脯的核去除，果肉切成适当大小。
2. 将梅脯放入榨汁机中，加入红茶榨汁即可。

✖ 功效解读

红茶可以强壮心脏、舒张血管、加快血液循环；梅脯富含糖分、果酸、矿物质、多种维生素、氨基酸和膳食纤维，有杀菌、解毒、净化血液的作用。此款蔬果汁对于贫血有一定的改善治疗作用。

🕐 制作时间：6分钟　　✖ 制作成本：4元

胡萝卜菠菜汁

♣ 原料

胡萝卜······半根
菠菜······25 克
水······200 毫升

♠ 做法

1. 将胡萝卜洗净，切成丁；菠菜洗净，切碎。
2. 将准备好的胡萝卜和菠菜一起放入榨汁机中，加入水榨汁即可。

✖ 功效解读

胡萝卜中含有丰富的有益成分，能为人体补血提供多种营养物质；菠菜含有大量的铁元素，对于缺铁性贫血有很好的辅助治疗作用。此款蔬果汁能够调理贫血。

🕐 | 制作时间：7分钟　　✖ | 制作成本：3元

胡萝卜菜花汁

♣ 原料

胡萝卜······1根
熟蛋黄······1个
菜花······2朵
水······200 毫升

♠ 做法

1. 将胡萝卜洗净，去皮，切成块状；将菜花洗净，在沸水中焯一下，切碎。
2. 将胡萝卜、菜花和熟蛋黄一起放入榨汁机中，加入水榨汁即可。

✖ 功效解读

胡萝卜能促进血液循环，增强机体的造血功能，预防贫血；熟蛋黄富含维生素和卵磷脂，有很好的补血作用，因而能够预防贫血。此款蔬果汁能够预防和治疗贫血。

🕐 | 制作时间：10分钟　　✖ | 制作成本：3元

菠菜生姜酸奶汁

♣ 原料

菠菜····································75 克
生姜·····································5 克
酸奶····························· 200 毫升

● 做法

1. 将菠菜洗净，切碎；将生姜洗净，去皮，切成丁。
2. 将准备好的菠菜和生姜一起放入榨汁机中，加入酸奶榨汁即可。

✖ 功效解读

菠菜营养丰富，且富含铁质，具有养血、补血的作用；生姜能增进食欲，间接促进机体的造血功能；酸奶能预防和治疗贫血。此款蔬果汁能够促进血液循环、预防贫血。

⊙ 制作时间：7分钟　　✖ 制作成本：3.5元

胡萝卜莴笋汁

♣ 原料

胡萝卜····································1 根
西芹、菠菜·························· 各50 克
莴笋······························· 100 克
水······························· 200 毫升

● 做法

1. 将胡萝卜和莴笋均洗净，去皮，切成块；西芹和菠菜均洗净，切成段。
2. 将切好的胡萝卜、西芹、莴笋和菠菜一起放入榨汁机中，加入水榨汁即可。

✖ 功效解读

菠菜和西芹均富含铁元素，有补血的功效；莴笋和胡萝卜均富含膳食纤维和多种维生素，能降低血脂、净化血液。故此款蔬果汁既能补血，又能调节人体的血液循环。

⊙ 制作时间：8分钟　　✖ 制作成本：4元

香蕉葡萄汁

♣ 原料

香蕉·······································1根
葡萄·······································30 克
水···200 毫升

♦ 做法

1. 将香蕉去皮和果肉上的果络后，切成块状；将葡萄洗净，去皮、去籽，取出果肉。
2. 将准备好的香蕉和葡萄一起放入榨汁机中，加入水榨汁即可。

✖ 功效解读

葡萄中糖分和铁元素的含量很高，是妇女、儿童和体弱贫血者的滋补佳品；香蕉富含钾，可平衡钠的不良作用，具有调节血压的作用。故此款蔬果汁既能防治贫血，又对高血压有调节、缓解作用。

🕐 制作时间：9分钟　　✖ 制作成本：4元

樱桃枸杞桂圆汁

♣ 原料

樱桃·······································30 克
桂圆·······································25 克
枸杞·······································10 克
水···200 毫升

♦ 做法

1. 将樱桃洗净，去核；将桂圆去壳、去核，洗净；将枸杞洗净。
2. 将准备好的樱桃、桂圆和枸杞一起放入榨汁机中，加入水榨汁即可。

✖ 功效解读

樱桃可补充人体对铁元素的需求，促进血红蛋白再生；桂圆对气血不足有很好的补益作用；枸杞能滋肝肾，对造血功能亦有促进作用。故此款蔬果汁对贫血有调理作用。

🕐 制作时间：10分钟　　✖ 制作成本：7元

经期不适

香蕉柳橙汁

♣ 原料

香蕉······················· 1 个
柳橙······················· 半个
水······················· 200 毫升

● 做法

1. 将香蕉去皮和果肉上的果络，切成块状；将柳橙洗净，切成块状。
2. 将香蕉、柳橙和水一起放入榨汁机榨汁。

✖ 功效解读

香蕉中含有丰富的维生素B_6，而维生素B_6具有安定神经的作用，不仅可以稳定女性在经期的不安情绪，还有助于改善睡眠、减轻腹痛。

⊕ 制作时间：9分钟　　✖ 制作成本：5元

苜蓿芽果香豆浆

♣ 原料

苜蓿芽······················· 300 克
苹果······················· 2 个
香蕉······················· 2 根
豆浆······················· 500 毫升

● 做法

1. 将香蕉去皮，切小块；苹果去皮和核，切小块；苜蓿芽洗净，沥干。
2. 将香蕉、苹果和苜蓿芽一起放入榨汁机中，加入豆浆搅打成汁即可。

✖ 功效解读

苜蓿芽、香蕉和苹果富含矿物质，可调节激素水平，缓解痛经；豆浆含有大豆异黄酮素，也可缓解经期不适症状。故此款蔬果汁能够缓解经期不适。

⊕ 制作时间：10分钟　　✖ 制作成本：7元

胡萝卜豆浆汁

♣ 原料

胡萝卜·····································半根
豆浆·································· 200 毫升

♦ 做法

1. 将胡萝卜洗净，切成丁。
2. 将胡萝卜放入榨汁机中，加入豆浆一起榨汁即可。

✖ 功效解读

豆浆富含维生素和矿物质，能够滋阴润燥、滋养进补，有助于预防缺铁性贫血；胡萝卜富含维生素B_6，可稳定情绪。此款蔬果汁适于改善经期不适。

🕐 制作时间：7分钟　　✖ 制作成本：3元

苹果蔬菜汁

♣ 原料

西芹·····································50 克
苹果·····································半个
胡萝卜···································半根
水·································· 200 毫升

♦ 做法

1. 将西芹、苹果和胡萝卜洗净，切成块状。
2. 将西芹、苹果和胡萝卜一起放入榨汁机中，加入水榨汁即可。

✖ 功效解读

西芹含铁量较高，能补充妇女经血的损失，食之能避免皮肤苍白、干燥、面色无华；苹果含有丰富的维生素和矿物质，可减轻痛经。故此款蔬果汁能够改善经期不适。

🕐 制作时间：11分钟　　✖ 制作成本：3.5元

香蕉木瓜汁

🕐 制作时间：8分钟　　✖ 制作成本：6元

♣ 原料

木瓜……………………………………600 克
香蕉……………………………………2 根
水………………………………………400 毫升

♦ 做法

1. 将木瓜去皮、去籽，切成小块；香蕉去皮，切成小块。

2. 将木瓜块和香蕉块放入榨汁机中，加入水以高速搅打成汁，最后倒入杯中即可饮用。

✖ 功效解读

香蕉含有丰富的维生素B$_6$，可调节女性激素的分泌，舒缓经痛。搭配木瓜一同榨汁饮用，有安定生理期情绪的作用。但香蕉和木瓜甜度较高，有糖尿病者要注意控制饮用量。

爱心贴士

香蕉富含的维生素A是维持正常的生殖力和视力所必需的物质；硫胺素能促进食欲、助消化，保护神经系统；核黄素能促进人体正常生长和发育。香蕉还含有可让肌肉松弛的镁元素，工作压力比较大的朋友可以多食用。

生姜苹果汁

✿ 原料

生姜······················7 克
苹果····················半个
水·····················200 毫升

♦ 做法

1. 将生姜去皮，洗净，切碎；将苹果洗净，切成块状。
2. 将生姜和苹果一起放入榨汁机中，加入水榨汁即可。

✖ 功效解读

生姜能够去冷散寒，通畅络脉，缓解经期的手脚冰凉与腹痛；苹果可明显消除经期心理压抑感，亦有减轻痛经的效果。故此款蔬果汁能促进血液循环，缓解痛经。

🕐 制作时间：8分钟　　✖ 制作成本：3元

🕐 制作时间：10分钟　　✖ 制作成本：5元

菠萝柠檬豆浆汁

✿ 原料

菠萝······················50 克
柠檬····················3 片
豆浆·····················200 毫升

♦ 做法

1. 将菠萝去皮，洗净，切成块；将柠檬洗净，切块。
2. 将菠萝和柠檬一起放入榨汁机中，加入豆浆榨汁即可。

✖ 功效解读

豆浆具有调节女性内分泌系统的功效；菠萝能够固元气、益气血，缓解经期的疲劳感；柠檬具有抗菌消炎、增强免疫力的功效。故此款蔬果汁能够缓解多种经期不适。

苹果菠萝生姜汁

♣ 原料

苹果·······································半个
菠萝······························· 100 克
生姜·································5 克
水 ····························· 200 毫升

● 做法

1. 将苹果洗净，去皮、去核，切块；菠萝去皮，切小块；生姜去皮，榨汁备用。
2. 将苹果和菠萝放入榨汁机中，加入水榨汁。
3. 把榨好的蔬果汁倒入杯中，放入生姜汁调匀即可。

✖ 功效解读

生姜对于内循环系统具有很强的刺激作用，能缓解恶心和经痛等症状；菠萝和苹果都有缓解痛经、改善情绪的效果。故此款蔬果汁可舒缓经痛。

🕐 制作时间：9分钟　　✖ 制作成本：4元

胡萝卜菠萝汁

♣ 原料

胡萝卜·······································半根
菠萝·······························200 克
水 ····························· 200 毫升

● 做法

1. 将胡萝卜去皮，洗净，切成块状；将菠萝去皮，洗净，切成块状。
2. 将切好的胡萝卜和菠萝一起放入榨汁机中，加入水榨汁即可。

✖ 功效解读

胡萝卜有杀菌的功能，能提高女性经期的免疫力；菠萝不仅能够消除炎症，而且可以促进新陈代谢，缓解经期的疲劳感。此款蔬果汁能够缓解经期的多种不适。

🕐 制作时间：10分钟　　✖ 制作成本：5元

西红柿红甜椒汁

✿ 原料

红甜椒……………………………半个
西红柿………………………………1个
水……………………………200毫升

● 做法

1. 将红甜椒洗净，去籽，切碎；将西红柿划几道口子，在沸水中浸泡10秒钟，去掉表皮并切成块状。
2. 将红甜椒和西红柿一起放入榨汁机中，加入水一起榨汁即可。

✖ 功效解读

红甜椒富含多种维生素及微量元素，可以补血固元、消除经期的疲劳感；西红柿不仅能够满足经期的维生素和矿物质需要，而且有抑制细菌的作用。此款蔬果汁能够缓解经期不适。

🕐 制作时间：9分钟　　✖ 制作成本：5元

🕐 制作时间：8分钟　　✖ 制作成本：3元

生姜红茶汁

✿ 原料

生姜………………………………2克
红茶……………………………200毫升

● 做法

1. 将生姜洗净，切成丁。
2. 将切好的生姜放入榨汁机中，加入红茶一起搅打成汁即可。

✖ 功效解读

生姜具有解毒杀菌的作用，还能促进血液循环；红茶能够消炎杀菌，暖胃驱寒。此款蔬果汁具有缓解经期手脚冰凉症状的作用。

芹菜香蕉酸奶汁

♣ 原料
芹菜·······················100 克
香蕉·························1 根
酸奶·····················200 毫升

◊ 做法
1. 将芹菜洗净，切成段；剥去香蕉的皮和果肉上的果络，切成块状。
2. 将准备好的芹菜和香蕉一起放入榨汁机中，加入酸奶榨汁即可。

✕ 功效解读
芹菜有镇静安神、利尿消肿、平肝降压、养血补虚、清热解毒等多种功效；酸奶和香蕉均有让人放松心情、缓解压力的作用。所以此款蔬果汁具有缓解更年期烦躁心情、高血压等多种功效。

🕐 制作时间：9分钟　　✕ 制作成本：4.5元

山药菠萝汁

♣ 原料
山药························80 克
菠萝························50 克

◊ 做法
1. 山药去皮，洗净，切块，以冷水浸泡片刻，沥干；菠萝去皮，洗净，切块。
2. 将山药、菠萝放入榨汁机搅打成汁即可。

✕ 功效解读
山药具有滋养壮身、助消化、敛汗、止泻等作用，是虚弱、疲劳或病愈者恢复体力的最佳食品，经常食用能提高免疫力、降低胆固醇、利尿。本品可改善更年期综合征，但大便燥结及患有子宫肌瘤者不宜饮用。

🕐 制作时间：3分钟　　✕ 制作成本：4元

芹菜柚子姜汁

♣ 原料

芹菜··50 克
柚子··1/4 个
生姜··5 克
水···200 毫升

● 做法

1. 将芹菜洗净，切段；柚子洗净，切成块状；生姜去皮，切成丁。
2. 将切好的芹菜、柚子和生姜一起放入榨汁机中，加入水榨汁即可。

✖ 功效解读

芹菜对神经衰弱、月经失调、痛风、肌肉痉挛都有一定的辅助食疗作用；柚子能调理胀气、帮助消化、改善便秘、分解油脂。此款蔬果汁能够调理更年期综合征的多种症状。

🕐 制作时间：12分钟　　✖ 制作成本：5元

西红柿生菜汁

♣ 原料

西红柿···2 个
生菜叶···25 克
水···200 毫升

● 做法

1. 在西红柿的表皮上划几道口子，在沸水中浸泡10秒钟，剥皮，切块；将生菜叶洗净，切碎。
2. 将准备好的西红柿和生菜叶一起放入榨汁机中，加入水搅打成汁。

✖ 功效解读

西红柿中的番茄红素是一种很强的抗氧化剂，具有极强的清除自由基的能力，还能够补充精力和提高人体免疫力，抵御细胞老化；生菜有促进血液循环、清肝利胆和养胃的功效。故此款蔬果汁能够抗衰老，延缓更年期的到来。

🕐 制作时间：8分钟　　✖ 制作成本：3元

豆浆蓝莓汁

🕐 制作时间：10分钟　　✂ 制作成本：5元

♣ 原料

蓝莓·····························20 克
豆浆·························· 200 毫升

♦ 做法

1. 将蓝莓洗净，且用盐水浸泡5分钟，切块。
2. 将蓝莓和豆浆一起放入榨汁机中榨汁。

✖ 功效解读

蓝莓具有防止脑神经老化、保护视力、强心、抗癌、软化血管、增强人体免疫力等功效。需要重点说明的是，蓝莓中花青素的含量非常高，而且种类也十分丰富。花青素是一种非常重要的植物水溶性色素，属于纯天然的抗衰老营养补充剂，是目前人类发现的最有效的抗氧化生物活性剂。豆浆有"植物奶"的美誉，含有铁、钙等微量元素，适合各种人群补钙饮用。故此款蔬果汁具有抗衰老、抗肿瘤、防治骨质疏松等功效，适合更年期人士饮用。

爱心贴士

据研究，经常食用蓝莓制品，可明显增强视力、消除眼睛疲劳。医学临床报告也显示，蓝莓中的花青素可以促进视网膜细胞中的视紫质再生，预防近视。

豆浆可可汁

❧ 原料
豆浆······························200 毫升
可可粉··························10 毫升

◈ 做法
将豆浆和可可粉一起放入榨汁机榨汁即可。

✖ 功效解读
豆浆性平味甘，能利水下气、制诸风热、解诸毒，经常喝豆浆可以预防骨质疏松和便秘；可可粉有健胃、促消化的功效。此款蔬果汁具有延缓衰老、预防骨质疏松的功效，适合更年期人士饮用。

🕑 制作时间：5分钟 ✖ 制作成本：4元

毛豆葡萄柚酸奶

❧ 原料
葡萄柚·····························半个
原味酸奶·······················200 毫升
熟毛豆适量

◈ 做法
1. 将葡萄柚去皮，切块；将熟毛豆去皮。
2. 将准备好的葡萄柚和熟毛豆一起放入榨汁机中，再加入原味酸奶，搅打成汁即可。

✖ 功效解读
毛豆具有改善全身倦怠的功效；葡萄柚能帮助人体吸收钙和铁，维持正常的新陈代谢；酸奶可以抑制更年期由于缺钙引起的骨质疏松症。此款蔬果汁能够缓解更年期引起的各种不适症状。

🕑 制作时间：8分钟 ✖ 制作成本：6元

西蓝花猕猴桃汁

🍀 原料
西蓝花 ·····································200 克
猕猴桃 ·· 1 个
水 ····································· 200 毫升

● 做法
1. 将西蓝花在热水中焯一下，切成块状；将猕
   猴桃去皮，切成块状。
2. 将准备好的西蓝花和猕猴桃一起放入榨汁机
   中，加入水榨汁即可。

✖ 功效解读
西蓝花能提高人体免疫功能，在防治子宫疾
病、乳腺癌、胃癌方面效果尤佳；猕猴桃有很
好的抗癌作用，能阻断致癌物质亚硝胺的合
成。故此款蔬果汁能够预防子宫疾病。

🕐 制作时间：10分钟　　✖ 制作成本：4元

橘芹菜花汁

🍀 原料
菜花·····································200 克
苹果、橘子 ······························各半个
芹菜·······································50 克
水、蜂蜜各适量

● 做法
1. 将菜花洗净，在热水中焯一下，切成块；苹
   果洗净，去核，切块；芹菜洗净，切段；
   橘子去皮，掰瓣。
2. 将准备好的菜花、苹果、橘子和芹菜一起放
   入榨汁机中，加入水榨汁。
3. 将蔬果汁倒入杯中，加蜂蜜调匀即可。

✖ 功效解读
此款蔬果汁能够降血压，对子宫肌瘤、宫颈癌
等有预防作用。

🕐 制作时间：11分钟　　✖ 制作成本：6元

柳橙蛋黄蜂蜜汁

♣ 原料

柳橙、熟蛋黄·······················各1个

水·································· 200 毫升

蜂蜜适量

♦ 做法

1. 将柳橙去皮，切成块状。
2. 将已经准备好的柳橙和熟蛋黄一起放入榨汁机中，加入水榨汁。
3. 将蔬果汁倒入杯中，加入蜂蜜调匀即可。

✖ 功效解读

柳橙含有丰富的膳食纤维，可以降低血液中的胆固醇含量；柳橙还能抗氧化，增强人体免疫力，抑制癌细胞的生长。鸡蛋黄含有多种维生素和矿物质，尤其是富含的卵磷脂可促进人体的新陈代谢，增强免疫力。此款蔬果汁可提高人体免疫力，降低患妇科疾病的概率。

🕐 制作时间：8分钟　　✖ 制作成本：4元

菠菜胡萝卜牛奶

♣ 原料

菠菜叶 ······························30 克

胡萝卜 ·····························半根

牛奶·······························200 毫升

♦ 做法

1. 将菠菜叶和胡萝卜洗净，切碎。
2. 将切好的菠菜叶和胡萝卜一起放入榨汁机中，加入牛奶榨汁即可。

✖ 功效解读

菠菜含丰富的铁、类胡萝卜素和抗坏血酸，能够补血、净化血液；胡萝卜含有丰富的维生素和胡萝卜素，对促进身体的造血功能、补气养血极为有益。此款蔬果汁能够改善贫血症状，保养子宫。

🕐 制作时间：9分钟　　✖ 制作成本：4元

降三高,
护理心脑血管

　　研究证明,蔬果汁含有丰富的维生素、纤维素和微量元素,不但能够为人体提供充足的营养,还能够降血压、降低血液中的胆固醇、控制血糖;所含的抗氧化物质,可以有效预防血管老化。本章为您精心挑选了69款蔬果汁,补充每天必需的营养素,维护您的心脑血管健康。

降血压

🕐 制作时间：7分钟   ✖ 制作成本：3元

芹菜柠檬汁

🍀 **原料**

芹菜·······························80 克
生菜·······························40 克
柠檬······························· 1 个
蜂蜜适量

💧 **做法**

1. 将芹菜洗净，切段；将生菜洗净，撕成小片；柠檬洗净，连皮切成3块。
2. 将芹菜、生菜和柠檬放入榨汁机中榨汁。
3. 将蔬果汁倒入杯中，调入蜂蜜即可。

✖ **功效解读**

生菜和芹菜均富含膳食纤维，能减少胃肠道对胆固醇的吸收，还具有利尿和促进血液循环的功效。此款蔬果汁不但能够有效预防高血压、动脉硬化，还可以提高人体的免疫力。

芹菜梨蜜汁

🍀 **原料**

芹菜·······························80 克
梨······························· 1/4 个
胡萝卜·····························半根
蜂蜜适量

💧 **做法**

1. 将芹菜洗净，切成段；将梨洗净，去皮、去核，切块；胡萝卜洗净，切成块。
2. 将芹菜、梨和胡萝卜放入榨汁机内榨汁。
3. 将榨好的蔬果汁倒入杯中，调入蜂蜜即可。

✖ **功效解读**

此款蔬果汁富含多种维生素和矿物质，营养全面，所含的大量膳食纤维能够促进肠胃蠕动，并能减少人体对胆固醇和脂肪的吸收，减轻血管负担，适合高血压患者长期饮用。

🕐 制作时间：10分钟   ✖ 制作成本：5元

莴笋蔬果汁

♣ 原料

莴笋······80 克
西芹······70 克
苹果、猕猴桃······各半个
水······240 毫升

● 做法

1. 将莴笋和西芹均洗净，切块；将苹果洗净，去皮、去核，切块；将猕猴桃洗净，去皮，切块。
2. 将准备好的莴笋、西芹、苹果和猕猴桃一起放入榨汁机中，加入水榨汁即可。

✖ 功效解读

莴笋和西芹均含有丰富的膳食纤维，能够促进肠胃蠕动；苹果和猕猴桃含有多种维生素和矿物质，能调节神经系统。此款蔬果汁能调理肠胃功能、促进排便，有利于降低血压，而且本品还能使人心情愉悦，也对高血压患者有利。

⏱ 制作时间：10分钟　　✖ 制作成本：6元

⏱ 制作时间：10分钟　　✖ 制作成本：3元

白菜柠檬汁

♣ 原料

白菜······50 克
柠檬汁······30 毫升
水······300 毫升
冰块······20 克
柠檬皮适量

● 做法

1. 将白菜和柠檬皮均洗净，切碎。
2. 将白菜和柠檬皮放入榨汁机中，加入水和柠檬汁搅打成汁。
3. 将榨好的蔬果汁滤渣后倒入杯中，加入冰块调匀即可。

✖ 功效解读

柠檬能增强血管弹性和韧性，可预防和辅助治疗高血压、心肌梗死等病；白菜富含膳食纤维，能够调节肠胃功能，减少胆固醇的吸收。此款蔬果汁适合高血压患者长期饮用。

黄瓜芹菜汁

⏱ 制作时间：5分钟　✖ 制作成本：3元

☘ 原料

黄瓜…………………………………… 1 根
芹菜…………………………………… 50 克

💧 做法

1. 将黄瓜洗净，切成块状；将芹菜洗净，切成段。
2. 将黄瓜和芹菜一起放入榨汁机中，搅打成汁。
3. 将榨好的蔬果汁倒入杯中，即可饮用。

✖ 功效解读

黄瓜含有的葫芦素C具有提高人体免疫力的作用，可以抗肿瘤；含有的丙醇二酸，可抑制糖类物质转变为脂肪；含有的维生素B_1，有利于改善大脑和神经系统功能，可安神定志。芹菜含有酸性的降压成分，可使血管扩张。此款蔬果汁不仅可降低血压，还可以减肥瘦身、使人心情放松，适合高血压患者和肥胖者长期饮用。

爱心贴士

芹菜含铁量较高，能补充妇女经血的损失，避免皮肤苍白、干燥、面色无华，而且可使目光有神，头发黑亮。芹菜还具有促进食欲、降低血压、健脑、清肠利便、解毒消肿等功效。

红薯叶水果蜜汁

♣ 原料

红薯叶 ······························ 50 克
苹果、柳橙 ······················· 各半个
水 ····························· 300 毫升
蜂蜜、冰块各适量

♦ 做法

1. 将红薯叶洗净；将苹果洗净，去皮、去核，切块；将柳橙洗净，带皮切块。
2. 用红薯叶包裹切好的苹果块和柳橙块，放入榨汁机内，加入水榨汁。
3. 将榨好的蔬果汁滤渣后倒入杯中，加入蜂蜜和冰块调匀即可。

✄ 功效解读

红薯叶含丰富的叶绿素，具有净化血液、帮助排毒的功效；苹果和柳橙富含果胶和膳食纤维，能降低血液中胆固醇和脂肪的含量。此款蔬果汁不但具有降压降脂的作用，还能够提高免疫力。

⏱ 制作时间：10分钟　　✄ 制作成本：5元

葡萄芦笋苹果饮

♣ 原料

葡萄 ····························· 150 克
芦笋 ····························· 100 克
苹果 ······························ 1 个

♦ 做法

1. 将葡萄洗净，去皮、去籽；苹果洗净，去皮、去核，切块；芦笋洗净，切块。
2. 将苹果、葡萄、芦笋放入榨汁机中榨汁即可。

✄ 功效解读

葡萄能阻止血栓形成，并能降低人体血清的胆固醇水平，对预防心脑血管病有一定作用；芦笋含有天冬酰胺和微量元素硒、钼、铬、锰等，具有调节人体代谢的功效，对高血压、心脏病等有重要疗效。故本品适合高血压患者长期饮用。

⏱ 制作时间：8分钟　　✄ 制作成本：5元

西红柿柠檬蜜奶

♣ 原料
西红柿·························· 1 个
柠檬··························半个
牛奶·························· 200 毫升
蜂蜜适量

♦ 做法
1. 将西红柿洗净，切块；柠檬洗净，切片。
2. 将西红柿和柠檬放入榨汁机内，再加入牛奶搅打成汁。
3. 将蔬果汁倒入杯中，加入蜂蜜调匀即可。

✖ 功效解读
西红柿富含的维生素C、维生素E和番茄红素能够降低血液中的胆固醇含量；牛奶富含优质蛋白和钙质。此款蔬果汁不但能缓解高血压的症状，还有限制脂肪摄入和补钙的功效。

⏵ 制作时间：13分钟　✖ 制作成本：8元

柑橘柠檬蜂蜜汁

♣ 原料
柑橘、柠檬·························各1个
水 ·························120 毫升
蜂蜜适量

♦ 做法
1. 将柑橘去皮、去籽，掰成瓣；将柠檬洗净，带皮切块。
2. 将柑橘瓣、柠檬块一同放入榨汁机中，再加入水搅打成汁。
3. 将榨好的蔬果汁倒入杯中，加入适量蜂蜜调匀即可。

✖ 功效解读
柑橘所含的橘皮苷能够加强毛细血管的韧性；柑橘和柠檬所含的果胶和膳食纤维，能够促进排便、降低胆固醇。故此款蔬果汁具有降低血压，预防动脉硬化的功效。

⏵ 制作时间：4分钟　✖ 制作成本：3元

番石榴乳酸饮

♣ 原料
番石榴 ······································· 1 个
乳酸菌饮料 ······························· 100 毫升
冰块 ······································· 30 克

♦ 做法
1. 将番石榴洗净，对半切开，去子，切丁，泡入水中备用。
2. 将准备好的番石榴放入杯中，加入乳酸菌饮料和冰块，搅拌均匀即可饮用。

✖ 功效解读
番石榴可减少患普通感冒、牙龈肿痛、高血压、肥胖、糖尿病及癌症的风险；乳酸菌饮料能提高肠道活性，改善便秘症状。此款蔬果汁可减少高血压的发生概率，适合高血压患者长期饮用。

⏱ 制作时间：8分钟　　✖ 制作成本：7元

芹菜菠萝牛奶汁

♣ 原料
芹菜 ······································· 100 克
菠萝 ······································· 50 克
牛奶 ······································· 50 毫升

♦ 做法
1. 将芹菜洗净，切小段；菠萝去皮，洗净，切小块。
2. 将芹菜和菠萝放入榨汁机中榨成汁。
3. 将榨好的蔬果汁倒入杯中，再加入牛奶调匀即可。

✖ 功效解读
芹菜含有酸性的降压成分，可使血管扩张，并导致血压下降；菠萝含有的菠萝朊酶能溶解阻塞于组织中的纤维蛋白和血凝块，稀释血脂，改善局部血液循环。故此款蔬果汁适合高血压患者饮用。

⏱ 制作时间：7分钟　　✖ 制作成本：4元

西瓜芹菜汁

🕐 制作时间：7分钟　　✂ 制作成本：3.5元

❀ 原料

西瓜……………………………300 克
芹菜……………………………50 克
水……………………………… 200 毫升

♦ 做法

1. 将西瓜洗净，去皮、去籽，切成块状；将芹菜洗净，切成段。
2. 将准备好的西瓜、芹菜放入榨汁机中，再加入水一起搅打成汁。
3. 将榨好的蔬果汁倒入杯中，即可饮用。

✂ 功效解读

西瓜所含的糖、蛋白质和盐，能降低血脂、软化血管，对治疗心脑血管疾病，如高血压等有疗效；芹菜含有芹菜苷、佛手苷内酯和挥发油，具有降血压、降血脂、防治动脉粥样硬化的作用。故此款蔬果汁具有降低血压的功效，适合高血压患者饮用。但是要注意的是，西瓜还具有利尿的作用，有肾脏病的人要少饮。

爱心贴士

除了肾脏病人外，糖尿病人也不宜多吃西瓜。西瓜约含5%的糖类，糖尿病人如在短时间内吃太多西瓜，不但血糖会升高，病情较重的还可能出现代谢紊乱而导致酸中毒，甚至危及生命。

芝麻胡萝卜酸奶

♣ 原料

胡萝卜····································半根
酸奶·································· 200 毫升
芝麻适量

♦ 做法

1. 将胡萝卜洗净，在热水中焯一下，切块。
2. 将切好的胡萝卜和酸奶、芝麻一起放入榨汁机中榨汁即可。
3. 将榨好的蔬果汁倒入杯中，再撒上一些芝麻作装饰即可。

✖ 功效解读

胡萝卜含有的琥珀酸钾有助于防止血管硬化、降低胆固醇，对防治高血压有一定效果；芝麻中的钾含量丰富，而含钠量则少很多，钾钠含量的比例接近40:1，这对于控制血压和保持心脏健康非常重要。故此款蔬果汁具有降低血压的功效，适合高血压患者饮用。

⏱ 制作时间：9分钟　　✖ 制作成本：4元

乌龙茶苹果汁

♣ 原料

苹果····································半个
乌龙茶 ····························· 200 毫升

♦ 做法

1. 将苹果洗净，去皮、去核，切成丁。
2. 将苹果丁和乌龙茶一起倒入榨汁机中榨汁即可。

✖ 功效解读

乌龙茶能够降低血液黏稠度，增加血液流动性，改善微循环；苹果所含的果胶能够吸附有害物质，降低对胆固醇和脂肪的吸收。故此款蔬果汁不但有助于降低血压，还能去除体内活性氧。

⏱ 制作时间：5分钟　　✖ 制作成本：3元

降血脂

胡萝卜汁

♣ 原料
胡萝卜 ·······················2 根
水 ·························100 毫升

● 做法
1. 将胡萝卜用水洗净，去皮，切块；
2. 将胡萝卜放入榨汁机，加入水榨汁即可。

✖ 功效解读
胡萝卜中所含的钾元素，能够将血液中的油脂乳化，溶解沉积在血管壁上的胆固醇，达到净化血液、降血脂等效果。另外，胡萝卜所含的果胶酸钙，能够减少胃肠道对胆固醇的吸收。此款蔬果汁对高脂血症患者有辅助治疗的功效。

🕐 制作时间：5分钟　　✖ 制作成本：4元

卷心菜蜜汁

♣ 原料
卷心菜 ·······················200 克
水 ·························100 毫升
蜂蜜 ·························10 毫升

● 做法
1. 将卷心菜洗净，切块。
2. 将卷心菜放入榨汁机，加入水榨汁。
3. 将榨好的蔬果汁倒入杯中，加入蜂蜜搅拌均匀即可。

✖ 功效解读
卷心菜不但含有丰富的维生素，还富含果胶和膳食纤维，能够促进肠胃蠕动，并减少胃肠壁对胆固醇和脂肪的吸收。此款蔬果汁具有降低血脂的功效，但脾胃虚寒、泄泻者不宜饮用。

🕐 制作时间：7分钟　　✖ 制作成本：4元

黄花菠菜汁

❧ 原料

黄花菜、菠菜、葱白	各60克
蜂蜜	30毫升
水	80毫升
冰块	70克

● 做法

1. 黄花菜洗净；葱白、菠菜均洗净，切小段。
2. 将黄花菜、菠菜、葱白放入榨汁机中，加入水一起搅打成汁。
3. 将榨好的蔬果汁倒入杯中，加入蜂蜜和冰块搅拌均匀即可。

✖ 功效解读

黄花菜含有丰富的蛋白质、维生素C、胡萝卜素，能显著降低血液中胆固醇的含量；菠菜和葱白富含维生素和矿物质，能促进新陈代谢，加速排除体内垃圾。故此款蔬果汁具有降低血脂的功效。

🕐 制作时间：5分钟　　✖ 制作成本：7元

🕐 制作时间：12分钟　　✖ 制作成本：6元

山药菠萝枸杞汁

❧ 原料

山药	35克
菠萝	50克
枸杞	30克
蜂蜜、冰决各适量	

● 做法

1. 将山药洗净，去皮，切块；菠萝去皮，洗净，切块；枸杞冲洗干净。
2. 将山药、菠萝和枸杞倒入榨汁机中榨汁。
3. 将榨好的蔬果汁倒入杯中，加入蜂蜜和冰决拌匀即可。

✖ 功效解读

山药所含的黏液蛋白，能减少脂肪在血管壁的沉淀；菠萝所含的菠萝朊酶可加速蛋白质和脂肪的分解。此款蔬果汁不但能够减少血管内的脂肪堆积，加速脂肪分解，还可强身健体。

西红柿海带汁

⏱ 制作时间：17分钟　　✖ 制作成本：6元

♣ 原料

西红柿 …………………………………… 2 个
海带（泡软）…………………………… 50 克
柠檬 …………………………………… 1 个
果糖 …………………………………… 20 克

♦ 做法

1. 将海带洗净，切成片；西红柿洗净，切成块；柠檬洗净，切片。

2. 将上述材料一起放入榨汁机中搅打成汁，然后滤渣。
3. 将榨好的蔬果汁倒入杯中，加入果糖拌匀即可。

✖ 功效解读

海带含有丰富的碘等矿物质元素，含热量低、蛋白质含量中等、矿物质丰富，具有降血脂、降血糖、抗凝血、排铅解毒和抗氧化等多种功能；西红柿含番茄红素，能抗氧化，保护低密度脂蛋白不被氧化，从而降低血脂。故这款蔬果汁适合血脂较高者饮用。

爱心贴士

　　海带中含有大量的多不饱和脂肪酸EPA，能使血液的黏度降低，降低血管硬化的风险。因此，常吃海带能够预防心脑血管方面的疾病。

卷心菜橘子汁

♣ 原料
卷心菜 ························· 300 克
橘子 ····························· 1 个
柠檬 ····························· 半个
冰块适量

♦ 做法
1. 将卷心菜洗净，撕成小块；将橘子剥皮，去掉内膜和籽；将柠檬洗净，切片。
2. 将卷心菜、橘子和柠檬放入榨汁机榨汁。
3. 将榨好的蔬果汁倒入杯中，加入冰块调制均匀即可。

✖ 功效解读
卷心菜所含的果胶和膳食纤维能够降低人体对胆固醇和脂肪的吸收，具有降压降脂的功效；橘子和柠檬富含多种维生素，能够加快血液循环。故此款蔬果汁适合高脂血症患者改善症状饮用。

🕑 制作时间：11分钟　　✖ 制作成本：5元

胡萝卜卷心菜汁

♣ 原料
胡萝卜 ····························· 1 根
卷心菜 ····························· 50 克
水、蜂蜜、石榴籽各适量

♦ 做法
1. 将胡萝卜洗净，去皮，切条；卷心菜洗净，撕片。
2. 将胡萝卜、石榴籽、卷心菜放入榨汁机中，加入水榨成汁。
3. 将榨好的蔬果汁倒入杯中，加入蜂蜜搅拌均匀即可。

✖ 功效解读
石榴籽含有多种氨基酸和微量元素，具有软化血管、降低血脂和血糖的功效；卷心菜和胡萝卜均能减少人体对胆固醇的吸收。此款蔬果汁不但有降血脂作用，还可以增强食欲。

🕑 制作时间：9分钟　　✖ 制作成本：4元

胡萝卜梨柠檬汁

♣ 原料

胡萝卜·······································半根
梨···1个
柠檬适量

◐ 做法

1. 将梨洗净，去皮、去核，切块；胡萝卜洗净，切块；柠檬洗净，切片。
2. 将胡萝卜、梨、柠檬放入榨汁机中，一起搅打成汁即可。

✖ 功效解读

梨含有丰富的胶质膳食纤维，能够吸附肠道内的胆固醇；胡萝卜中的钾元素能够溶解血管壁上附着的胆固醇。此款蔬果汁不但能降低血脂，还能调节胃肠功能，是高脂血症患者的首选佳饮。

🕐 制作时间：10分钟　　✖ 制作成本：4元

生菜苹果汁

♣ 原料

生菜·······································1/4 个
胡萝卜····································1/6 根
苹果···半 个
冰块适量

◐ 做法

1. 将生菜、胡萝卜均洗净，切块；将苹果洗净，去核，切块。
2. 将生菜、胡萝卜和苹果放入榨汁机榨汁。
3. 将蔬果汁倒入杯中，加入冰块调匀即可。

✖ 功效解读

生菜含有的膳食纤维有降低血胆固醇和血脂的作用；胡萝卜能清理血管中附着的胆固醇；苹果所含的膳食纤维能与胆汁酸结合，将甘油三酯和胆固醇排出体外。此款蔬果汁具有显著的降血脂功效。

🕐 制作时间：11分钟　　✖ 制作成本：4元

西蓝花葡萄梨汁

♣ 原料

西蓝花···90 克
梨··1 个
葡萄···200 克
碎冰适量

♠ 做法

1. 将西蓝菜洗净，切块；葡萄洗净，去皮；梨洗净，去皮、去核，切块。
2. 将西蓝花、梨和葡萄一起放入榨汁机中搅打成汁。
3. 将榨好的蔬果汁倒入杯中，加入冰块搅拌均匀即可。

✖ 功效解读

梨富含的膳食纤维能吸附肠道中的胆固醇；西蓝花和葡萄含有丰富的抗氧化物，能清除血管中的垃圾，加速新陈代谢。此款蔬果汁能够有效清理血管，从而降低血脂。

🕒 制作时间：10分钟 ✖ 制作成本：6元

🕒 制作时间：10分钟 ✖ 制作成本：6元

苹果双菜酸奶汁

♣ 原料

生菜、芹菜·······································各50 克
西红柿、苹果····································各1 个
酸奶···250 毫升

♠ 做法

1. 将生菜洗净，撕成小片；将芹菜洗净，切成段；将西红柿洗净，切块；苹果洗净，去皮、去核，切块。
2. 将生菜、芹菜、西红柿和苹果依序交错地放入榨汁机中，加入酸奶搅打成汁即可。

✖ 功效解读

此款蔬果汁含有丰富的维生素、膳食纤维和果胶，能够加速肠胃蠕动，吸附有毒有害物质，减少人体对胆固醇和脂肪的吸收，不但具有降低血脂的功效，还能够减肥瘦身。

李子生菜柠檬汁

♣ 原料
生菜·······························150 克
李子、柠檬····························各1 个

♠ 做法
1. 将生菜洗净，菜叶卷成卷；将李子洗净，去核；柠檬洗净，连皮切成3块。
2. 将生菜、李子和柠檬一起放入榨汁机中，搅打成汁即可。

✖ 功效解读
生菜能加强人体对蛋白质的消化吸收，改善肠胃血液循环；李子和柠檬富含维生素和膳食纤维，能够降低人体对胆固醇的吸收。故此款蔬果汁不但具有降脂功效，还能缓解肠道疾病。

⏱ 制作时间：9分钟　　✖ 制作成本：4元

柠檬茭白水果汁

♣ 原料
柠檬·······························半个
苹果、猕猴桃·························各1 个
茭白·······························100 克
冰块适量

♠ 做法
1. 将柠檬洗净，连皮切成3块；茭白洗净，切块；苹果去皮、去核，切块；猕猴桃去皮后对切。
2. 将柠檬、猕猴桃、茭白、苹果依序交错地放入榨汁机中榨汁。
3. 将蔬果汁倒入杯中，加冰块调匀即可。

✖ 功效解读
猕猴桃和柠檬富含维生素C，能有效降低血清总胆固醇及甘油三酯含量；茭白和苹果富含的膳食纤维能促进脂肪排出体外。此款蔬果汁是高脂血症患者改善症状的首选饮品。

⏱ 制作时间：9分钟　　✖ 制作成本：5元

草莓豆浆蜂蜜汁

❧ 原料

草莓·····························180 克

豆浆···························180 毫升

冰块、蜂蜜各适量

◆ 做法

1. 将草莓洗净，去蒂，切小块。
2. 将草莓、豆浆、蜂蜜和冰块放入榨汁机中搅打成汁即可。

✿ 功效解读

草莓含有花青素，能提高好胆固醇（高密度脂蛋白胆固醇）水平；豆浆所含的大豆蛋白质和大豆卵磷脂能降低和排出胆固醇。此款蔬果汁不但能够降低血脂，还可以预防多种慢性疾病。

🕐 制作时间：9分钟　　✂ 制作成本：7元

香蕉咖啡牛奶汁

❧ 原料

香蕉······························1 根

牛奶···························120 毫升

咖啡····························120 克

黄豆粉····························10 克

◆ 做法

1. 将香蕉去皮，切成小块；咖啡、黄豆粉用开水冲泡。
2. 将香蕉、牛奶和调好的咖啡黄豆粉放入榨汁机内，搅打成汁即可。

✿ 功效解读

黄豆粉富含不饱和脂肪酸和大豆卵磷脂，能保持血管弹性，降低胆固醇的吸收；香蕉富含膳食纤维，能加速体内垃圾的排出。故此款蔬果汁不但能降低血脂，还能改善肠胃功能。

🕐 制作时间：12分钟　　✂ 制作成本：7元

乌龙茶桃汁

♣ 原料
桃 ·· 1 个
乌龙茶 ·· 200 毫升

● 做法
1. 将桃洗净，去皮、去核，切成块。
2. 将桃和乌龙茶一起放入榨汁机中榨汁。

✖ 功效解读
乌龙茶能促进血液中脂肪的分解，降低胆固醇含量；桃子富含果胶和膳食纤维，能减少胃肠道对脂肪的摄入。此款蔬果汁不但能降低血脂，还具有减肥瘦身的功效。

🕐 制作时间：10分钟　　✖ 制作成本：6元

猕猴桃荸荠汁

♣ 原料
猕猴桃 ·· 1 个
荸荠 ··· 30 克
香蕉 ··· 1 根
水 ·· 200 毫升

● 做法
1. 将香蕉剥去皮和果肉上的果络，切成块状；将猕猴桃去皮，洗净，切成块状；将荸荠洗净，去皮，切块。
2. 将准备好的香蕉、猕猴桃、荸荠放入榨汁机中，加入水榨成汁即可。

✖ 功效解读
猕猴桃不但是低脂水果，其中富含的维生素C还能减少血液中甘油三酯的含量；香蕉和荸荠富含膳食纤维，能促进肠胃蠕动。故此款蔬果汁具有降低胆固醇、降低血脂的功效。

🕐 制作时间：11分钟　　✖ 制作成本：6元

西蓝花绿茶汁

♣ 原料

西蓝花·······100 克
绿茶·······200 毫升
水适量

♦ 做法

1. 将西蓝花洗净，切块，在热水中焯一下。
2. 将西蓝花和绿茶放入榨汁机中，加入水一起搅打成汁即可。

✖ 功效解读

西蓝花富含可溶性膳食纤维，能够清除肠道垃圾，降低胆固醇水平，从而控制血脂；所含的类黄酮能阻止胆固醇氧化，降低中风危险。绿茶所含的儿茶素能降低血液中胆固醇含量。此款蔬果汁不但能降血脂，还能预防其他慢性病。

⏲ 制作时间：8分钟　　✖ 制作成本：5元

草莓双笋汁

♣ 原料

草莓·······40 克
芦笋·······50 克
莴笋·······150 克
水·······200 毫升
碎核桃仁适量

♦ 做法

1. 将草莓去蒂，洗净，切成块状；将芦笋洗净，切成块状；将莴笋去皮，洗净，切成块状。
2. 将准备好的草莓、芦笋、莴笋放入榨汁机中，加入水一起搅打成汁。
3. 将蔬果汁倒入杯中，撒上碎核桃仁作为装饰即可。

✖ 功效解读

草莓、芦笋、莴笋均富含膳食纤维，能够吸附血液中的胆固醇和脂肪。故此款蔬果汁具有降低血脂的功效。

⏲ 制作时间：10分钟　　✖ 制作成本：7元

🕐 制作时间：7分钟　　✖ 制作成本：3元

苦瓜芦笋汁

♣ 原料
苦瓜……………………………………… 1 根
芦笋……………………………………… 80 克
水…………………………………… 200 毫升
蜂蜜适量

● 做法
1. 将苦瓜与芦笋均洗净，苦瓜去瓤，切小块。
2. 将苦瓜和芦笋放入榨汁机中，加入水一起搅打成汁。
3. 将蔬果汁倒入杯中，加入蜂蜜搅匀即可。

✖ 功效解读
苦瓜含有苦瓜苷和类似胰岛素物质，有降血糖作用；芦笋也具有降血压、血脂、血糖的功效。此款蔬果汁控制血糖作用显著，是糖尿病患者的理想饮品。

芦荟汁

♣ 原料
鲜芦荟………………………………200 克
水适量

● 做法
1. 将鲜芦荟洗净，去外皮、去刺，切成块。
2. 将芦荟放入榨汁机中，再加入水一起搅打成汁即可。

✖ 功效解读
芦荟所含的芦荟阿尔波兰素具有降低血糖的作用，功效持续时间长，并且没有副作用。此外，芦荟还能够软化动脉血管、降低胆固醇含量、扩张毛细血管、清除血液毒素。故此款饮品不仅能稳定血糖，对血管健康也有一定的保护作用。

🕐 制作时间：7分钟　　✖ 制作成本：5元

黄瓜木瓜柠檬汁

♣ 原料

黄瓜……………………………………2 根
木瓜…………………………………400 克
柠檬……………………………………半个

♦ 做法

1. 将黄瓜洗净，切成块；将木瓜洗净，去皮、去籽，切块；将柠檬洗净，切片。
2. 将准备好的所有材料一同放入榨汁机中，榨汁即可。

✖ 功效解读

糖尿病患者应十分注重饮食。此款蔬果汁含有丰富的维生素和微量元素，均是低糖、低热量的蔬果，除了能够帮助维持血糖稳定，还具有抗氧化、提高免疫力的功效。

🕐 制作时间：10分钟　✖ 制作成本：8元

西芹苦瓜汁

♣ 原料

西芹……………………………………100 克
苦瓜……………………………………50 克
西红柿…………………………………半个
水、蜂蜜各适量

♦ 做法

1. 将苦瓜洗净，去皮、去籽，切块；西芹洗净，切小段；西红柿洗净，切薄片。
2. 将苦瓜、西芹和西红柿放入榨汁机中，加入水一起搅打成汁。
3. 将蔬果汁倒入杯中，加入蜂蜜调匀即可。

✖ 功效解读

西芹和西红柿均有清肠排毒的效果，所含的膳食纤维能够减少胆固醇吸收。此款蔬果汁能够防止餐后血糖突然升高，还可以防止心脑血管疾病。

🕐 制作时间：12分钟　✖ 制作成本：10元

苦瓜汁

⏱ 制作时间：8分钟　　✂ 制作成本：3元

♣ 原料

苦瓜…………………………………………60 克
柠檬………………………………………半个
生姜…………………………………………7 克
水、蜂蜜各适量

♦ 做法

1. 苦瓜洗净，去籽，切小块；柠檬洗净，去皮，切小块；生姜洗净，切片。

2. 将苦瓜、柠檬和生姜倒入榨汁机中，加水一起搅打成汁。

3. 将榨好的蔬果汁倒入杯中，加蜂蜜调匀即可。

✄ 功效解读

中医认为，苦瓜入心、肝、脾、胃经，具有清热祛暑、明目解毒、降压降糖、利尿凉血、解劳清心、益气壮阳的功效；现代医学证明，苦瓜含有苦瓜苷和类似胰岛素的物质，确有良好的降血糖作用。此款蔬果汁具有降低人体血糖的功效，适合糖尿病患者饮用。

爱心贴士

苦瓜含有多种维生素和矿物质，能清脂减肥、加速排毒；苦瓜的维生素C含量很高，具有预防坏血病、保护细胞膜、防止动脉粥样硬化、提高人体应激能力、保护心脏等作用。此外，苦瓜还具有良好的降血糖、抗病毒和防癌功效。

三色甜椒汁

♣ 原料
红甜椒、黄甜椒、青甜椒 ····················各1 个
水 ··································100 毫升
冰块 ································60 克

♦ 做法
1. 将红甜椒、黄甜椒及青甜椒均洗净，去蒂、去籽，切块。
2. 将红甜椒、黄甜椒和青甜椒放入榨汁机内，加入水以高速搅打成汁。
3. 将榨好的蔬果汁倒入杯中，加入冰块搅拌均匀即可。

✿ 功效解读
青甜椒中所含的硒元素，能防止胰岛素被氧化破坏，并具有促进糖分代谢的功效。故此款蔬果汁既能辅助调节血糖、改善糖代谢，还能防止脂肪堆积、降低血液黏度、预防心脑血管疾病的发生。

🕐 制作时间：12分钟　　✖ 制作成本：5元

🕐 制作时间：10分钟　　✖ 制作成本：5元

芹菜西红柿汁

♣ 原料
芹菜 ································50 克
西红柿 ································1 个
水 ································300 毫升
柠檬汁 ································10 毫升

♦ 做法
1. 将芹菜连叶洗净，切小段；西红柿洗净，切成小块。
2. 将芹菜和西红柿放入榨汁机中，加入水一起搅打成汁。
3. 将榨好的蔬果汁滤渣后倒入杯中，加入柠檬汁调匀即可。

✿ 功效解读
芹菜和西红柿均是低糖、低热量食品，且均富含膳食纤维，能够使人产生饱腹感，还能吸附血液中的脂肪和胆固醇。故此款蔬果汁具有降血压、血糖、血脂等多重功效。

柠檬芦荟芹菜汁

♣ 原料

柠檬⋯⋯⋯⋯⋯⋯⋯⋯⋯⋯⋯⋯⋯ 1 个
芹菜、芦荟 ⋯⋯⋯⋯⋯⋯⋯⋯⋯⋯各100 克
蜂蜜适量

♦ 做法

1. 将柠檬去皮，切片；芹菜洗净，切成段；芦荟刮去外皮，洗净。
2. 将柠檬、芹菜、芦荟放入榨汁机中，一起搅打成汁。
3. 将榨好的蔬果汁倒入杯中，加入蜂蜜搅拌均匀即可。

✂ 功效解读

此款蔬果汁含有丰富的维生素C和维生素P，能增强血管弹性和韧性，降低血液中的胆固醇含量，加速蛋白质和脂肪的分解，使异常的血糖值降低。

⏱ 制作时间：11分钟　✖ 制作成本：6元

葡萄柚芦荟汁

♣ 原料

葡萄柚 ⋯⋯⋯⋯⋯⋯⋯⋯⋯⋯⋯⋯⋯半个
芦荟⋯⋯⋯⋯⋯⋯⋯⋯⋯⋯⋯⋯⋯40 克
白汽水适量

♦ 做法

1. 将葡萄柚去皮，切块；芦荟洗净，切块。
2. 将葡萄柚和芦荟放入榨汁机中榨汁。
3. 将榨好的蔬果汁滤渣后倒入杯中，从杯沿注入白汽水即可。

✂ 功效解读

葡萄柚含有钾却不含钠，有利于稳定血糖；芦荟不但能降低血糖，还能够软化血管。故二者一起榨汁，是糖尿病、高血压患者的最佳食疗饮品。

⏱ 制作时间：11分钟　✖ 制作成本：5元

蜂蜜苦瓜生姜汁

♣ 原料

苦瓜、香蕉······各1根
生姜······7 克
蜂蜜适量

♦ 做法

1. 将苦瓜洗净，去籽，切小块；将香蕉去皮和果络，切小块；生姜洗净，切片。
2. 将苦瓜、生姜和香蕉顺序交错地放进榨汁机中，一起搅打成汁。
3. 将榨好的蔬果汁倒入杯中，调入蜂蜜即可。

✖ 功效解读

苦瓜所含的苦瓜苷和类胰岛素成分能够加速血液中葡萄糖的转化速度；生姜可以通过调节人体的内分泌系统来降低血糖含量；香蕉富含钾，有助于稳定血糖。故此款蔬果汁不但能够降低血糖，还能促进血液循环。

🕐 | 制作时间：12分钟 | ✖ | 制作成本：3元

火龙果白萝卜汁

♣ 原料

柠檬······半个
白萝卜······100 克
火龙果······200 克
水适量

♦ 做法

1. 将柠檬洗净，带皮切块；火龙果和白萝卜均洗净，去皮，切块。
2. 将柠檬、火龙果、白萝卜放入榨汁机中，加入水搅打成汁即可。

✖ 功效解读

火龙果富含铁元素，且含糖量很低，适合糖尿病患者食用；白萝卜是食疗佳品，所含的活性成分能够降低血糖。此款蔬果汁不但能够调节血糖含量，还可以强健身体、预防贫血。

🕐 | 制作时间：10分钟 | ✖ | 制作成本：8元

苹果黄瓜柠檬汁

🕐 制作时间：12分钟　　❌ 制作成本：6元

♣ 原料

苹果……………………………1个
黄瓜……………………………1根
柠檬……………………………半个

💧 做法

1. 将苹果洗净，去皮、去核，切块；黄瓜洗净，切段；柠檬洗净，带皮切块。
2. 把苹果、黄瓜、柠檬放入榨汁机中，一起搅打成汁即可。

❌ 功效解读

苹果所含的钾元素有助于扩张血管，所含的锌元素能维持血糖代谢正常；黄瓜具有利水利尿的功效；柠檬能增强血管壁的弹性和韧性。故此款蔬果汁不但能够有效降低血糖，还能促进胆固醇代谢，预防心脑血管疾病。

爱心贴士

黄瓜性凉，脾胃虚寒、久病体虚者应少吃。黄瓜表面容易沾染大肠杆菌、痢疾杆菌、蛔虫卵等，因此在食用前务必清洗干净。

山药牛奶汁

🍀 原料

山药·····························200 克

牛奶···························· 200 毫升

💧 做法

1. 将山药洗净，去皮，切块。
2. 将切好的山药和牛奶一起放入榨汁机中，榨汁即可。

✖ 功效解读

山药所含的黏液蛋白能包裹肠道内的其他食物，使糖分吸收放缓。山药与牛奶搭配榨汁，能够缓解就餐后血糖的快速上升，调节胰岛素的分泌，适合糖尿病患者饮用。

🕐 制作时间：9分钟　　✖ 制作成本：5元

苹果汁

🍀 原料

苹果·····························半个

水 ···························· 200 毫升

💧 做法

1. 将苹果去皮、去核，切成苹果丁。
2. 将苹果和水一起放入榨汁机中，搅打成汁。

✖ 功效解读

苹果含有较多的钾，能与人体过剩的钠盐结合，使之排出体外；此外，苹果可以补充钾，使肠道内形成凝胶过滤系统，阻碍肠道对糖分的吸收，具有降低血糖的作用。故此款蔬果汁适合糖尿病患者长期饮用。

🕐 制作时间：10分钟　　✖ 制作成本：5元

菠菜荔枝汁

♣ 原料

菠菜································60 克
荔枝································50 克
水·····························30 毫升

● 做法

1. 将菠菜洗净，切小段；荔枝去皮、去核。
2. 将菠菜和荔枝放入榨汁机中，加水一起搅打成汁即可。

❀ 功效解读

菠菜富含多种维生素和铁、钙等矿物质，能有效改善贫血症状；荔枝含有丰富的维生素C和天然葡萄糖，能够强化心脑血管功能。故此款蔬果汁不但有助于维护心脑血管健康，还能预防心脏病。

青甜椒菠萝汁

♣ 原料

菠萝·····························120 克
葡萄柚、青甜椒·····················各60 克
水·····························200 毫升

● 做法

1. 青甜椒洗净，去蒂、去籽，切小块；菠萝去皮，切小块；葡萄柚洗净，切块，先用压汁机压汁备用。
2. 将青甜椒和菠萝放入榨汁机中，加水榨汁。
3. 将榨好的蔬果汁滤渣后倒入杯中，再加入榨好的葡萄柚汁调匀即可。

❀ 功效解读

此款蔬果汁具有强化血管、净化血液的功效。

制作时间：11分钟　制作成本：5元

苹果西红柿汁

🍀 原料

苹果、西红柿⋯⋯⋯⋯⋯⋯⋯⋯⋯各2个
水⋯⋯⋯⋯⋯⋯⋯⋯⋯⋯⋯⋯ 50 毫升
柠檬汁、蜂蜜⋯⋯⋯⋯⋯⋯⋯ 各10 毫升

● 做法

1. 将苹果洗净，去皮、去核，切小块；西红柿洗净，去蒂，切小块。
2. 将苹果和西红柿放入榨汁机中，加水一起搅打成汁。
3. 将榨好的蔬果汁滤渣后倒入杯中，加入柠檬汁和蜂蜜调匀即可。

✖ 功效解读

苹果所含的果胶能够吸附胃肠道内的胆固醇，降低血液中的胆固醇含量，减轻血管负担；西红柿所含的番茄红素具有抗氧化作用。故此款蔬果汁既能够强健血管，还可以预防心血脑管疾病。

🕐 制作时间：9分钟　　✖ 制作成本：7元

🕐 制作时间：15分钟　　✖ 制作成本：8元

什锦四果汁

🍀 原料

菠萝⋯⋯⋯⋯⋯⋯⋯⋯⋯⋯⋯⋯ 1/6 个
百香果、水蜜桃 ⋯⋯⋯⋯⋯⋯⋯各1 个
木瓜⋯⋯⋯⋯⋯⋯⋯⋯⋯⋯⋯⋯半个
水 ⋯⋯⋯⋯⋯⋯⋯⋯⋯⋯⋯⋯ 30 毫升
什锦水果切片适量

● 做法

1. 菠萝削皮，切小块；百香果对半切开，挖出果肉；木瓜去皮、去籽，切小块；水蜜桃洗净，去核，切小块。
2. 将准备好的菠萝、百香果、水蜜桃和木瓜放入榨汁机，加入水榨汁。
3. 将榨好的蔬果汁滤渣后倒入杯中，加入水果切片即可。

✖ 功效解读

此款蔬果汁营养丰富，能有效预防血管硬化，防止高血压。

芦笋芹菜乳酸菌汁

🕐 制作时间：11分钟　　✖ 制作成本：6元

♣ 原料

芦笋·······················5 根
芹菜·······················50 克
乳酸菌饮料·················50 毫升
水·······················100 毫升

● 做法

1. 芦笋洗净，切小段；芹菜洗净，切小段。
2. 将所有材料放入榨汁机中，一起搅打成汁，倒入杯中即可。

✖ 功效解读

芦笋有抗氧化作用，其中富含的叶酸还能够舒张血管；芹菜含有大量的维生素和氨基酸等物质，特别是其茎叶所含的挥发性甘露醇，有增进食欲、降低血压、健脑镇静、预防血管硬化等保健作用。故二者一起榨汁，能强健血管、预防脑出血，并可抑制血管平滑肌紧张、稳定肾上腺素的分泌、降低外周血管阻力，从而降低血压。

爱心贴士

现代医学证明，芦笋富含的天冬酰胺对人体有许多特殊的生理作用，能利小便，对心脏病、水肿、肾炎、痛风、肾结石等都有一定疗效，并有镇静作用。

黄瓜芦笋柠檬汁

♣ 原料

黄瓜……………………………………30 克
芦笋…………………………………200 克
冰块…………………………………70 克
柠檬汁………………………………20 毫升

● 做法

1. 将黄瓜洗净，切丁；芦笋洗净，切小段。
2. 将黄瓜和芦笋放入榨汁机榨汁。
3. 将榨好的蔬果汁滤渣后倒入杯中，加入柠檬汁和冰块搅匀即可。

✖ 功效解读

黄瓜所含的黄瓜酶生物活性很强，能有效促进机体的新陈代谢、舒张毛细血管、促进血液循环，而其所含的纤维素则可降低血液中胆固醇、甘油三酯的含量；芦笋有抗氧化和舒张血管的功效。故此款蔬果汁可减轻血管负担，具有保护和强健血管的作用。

⊕ 制作时间：10分钟　　✖ 制作成本：5元

苹果甜菜根汁

♣ 原料

苹果、甜菜根……………………………各1 个
柠檬………………………………………半个
胡萝卜……………………………………1 根
水…………………………………… 200 毫升

● 做法

1. 将苹果洗净，去皮、去核，切块；将胡萝卜、甜菜根均洗净，去皮，切块；将柠檬洗净，带皮切块。
2. 将准备好的苹果、胡萝卜、甜菜根、柠檬放入榨汁机，加入水榨汁即可。

✖ 功效解读

苹果和柠檬所含的大量维生素C对心脑血管有很好的保护作用；甜菜根所含的镁元素有软化血管和防止血管中形成血栓的作用。故此款蔬果汁不但能保护血管，还能防治心脏病。

⊕ 制作时间：9分钟　　✖ 制作成本：5元

苹果豆浆汁

🍀 原料

苹果·························· 1 个

豆浆·························· 200 毫升

💧 做法

1. 将苹果洗净，去皮、去核，切成小丁。
2. 将苹果和豆浆一起放入榨汁机中，一起搅打成汁即可。

✄ 功效解读

豆浆富含的大豆卵磷脂能减少血液中的胆固醇含量，有降压降脂的功效；苹果富含的维生素C对心脑血管有较好的保护作用。此款蔬果汁不但能保护心脑血管，还能促进血液循环。

🕐 制作时间：8分钟　　✄ 制作成本：4元

洋葱柳橙汁

🍀 原料

洋葱、柳橙 ·················· 各半个

水适量

💧 做法

1. 将洋葱去皮后切成块状，放入微波炉里加热至软；将柳橙洗净，带皮切成小块。
2. 将洋葱、柳橙放入榨汁机中，加入水一起搅打成汁即可。

✄ 功效解读

洋葱所含的硫化丙基具有促进血液中糖分代谢和降低血糖含量的作用；柳橙含有丰富的维生素C，能够保护血管不被氧化。故此款蔬果汁不但能强化和清理血管，还能预防高血压。

🕐 制作时间：9分钟　　✄ 制作成本：4元

火龙果酸奶汁

♣ 原料

火龙果 ························· 1 个
柠檬 ·························· 半个
酸奶 ······················ 200 毫升

♦ 做法

1. 将火龙果去皮，切块；柠檬洗净，带皮切块。
2. 将准备好的火龙果、柠檬和酸奶一起放入榨汁机中榨汁即可。

✖ 功效解读

火龙果能增强血管壁弹性，改善血液循环系统；柠檬富含维生素C和维生素P，能增强血管弹性和韧性；酸奶能够促进消化并降低胆固醇。此款蔬果汁营养丰富，具有强健血管、预防动脉硬化的功效。

⊙ 制作时间：9分钟　　✖ 制作成本：8元

荞麦茶猕猴桃汁

♣ 原料

猕猴桃 ························· 1 个
荞麦茶 ······················ 200 毫升

♦ 做法

1. 将猕猴桃去皮，切成块状。
2. 将猕猴桃和荞麦茶放入榨汁机中，一起搅打成汁即可。

✖ 功效解读

猕猴桃富含的精氨酸能加速血液循环，防能止血栓的形成，降低心脑血管疾病的发病率；荞麦茶有助于净化血液和改善血液循环。故此款蔬果汁不但能够保护血管，还能降低血脂，预防脑卒中。

⊙ 制作时间：8分钟　　✖ 制作成本：6元

促进血液循环

制作时间：10分钟　　制作成本：7元

芹菜洋葱胡萝卜汁

♣ 原料

芹菜·····································50 克
洋葱····································· 1/4 个
胡萝卜··································· 1 根
柠檬·····································半个
水 ································· 200 毫升

● 做法

1. 将芹菜洗净，切段；胡萝卜洗净，去皮，切块；柠檬洗净，带皮切块。
2. 将洋葱洗净，用微波炉加热至软后切成丝。
3. 将准备好的芹菜、洋葱、胡萝卜和柠檬依序交错放入榨汁机，加入水榨汁即可。

✖ 功效解读

此款蔬果汁不仅能够促进血液循环，还能降血压。

香蕉可可牛奶汁

♣ 原料

香蕉·····································半根
牛奶···································· 200 毫升
可可粉 ································· 10 克

● 做法

1. 将香蕉剥去皮和果肉上的果络，切块。
2. 将切好的香蕉、牛奶、可可粉一起放入榨汁机中榨汁即可。

✖ 功效解读

香蕉含有钾等多种微量元素，能够调节血糖平衡，强化血管功能；可可粉能强化肌肉和身体的反射系统，防止血管硬化。此款蔬果汁不但能刺激血液循环，还能提高免疫力。

制作时间：9分钟　　制作成本：3.5元

菠萝苹果汁

♣ 原料

菠萝······200 克
苹果、西红柿······各1 个
水······200 毫升

● 做法

1. 将菠萝去皮、去心，切块；苹果洗净，去皮、去核，切块；西红柿洗净，在沸水中浸泡后剥去表皮，切块。
2. 将切好的菠萝、苹果、西红柿放入榨汁机，加入水榨汁即可。

✖ 功效解读

西红柿所含的番茄红素具有抗氧化作用，可以有效地缓解和预防心脑血管疾病；苹果和菠萝富含维生素C，能够舒张血管。故此款蔬果汁不但能改善血液循环，还能预防心脏病。

🕐 制作时间：10分钟　✖ 制作成本：6元

胡萝卜苹果醋汁

♣ 原料

胡萝卜······半根
苹果醋······8 毫升
水······200 毫升

● 做法

1. 将胡萝卜洗净，去皮，切丁。
2. 将胡萝卜、苹果醋、水一起放入榨汁机中榨汁即可。

✖ 功效解读

胡萝卜含有丰富的胡萝卜素和维生素，能强化内脏功能和血液运行；苹果醋中丰富的有机酸能够促进血液循环和糖代谢，从而消除疲劳。故此款蔬果汁不但能促进血液循环，还可以增强体力和免疫力。

🕐 制作时间：8分钟　✖ 制作成本：4元

苹果菠菜汁

🕐 制作时间：9分钟　　✂ 制作成本：7元

♣ 原料

苹果·······························2 个
菠菜·····························100 克
水 ······························· 30 毫升
柠檬汁、蜂蜜····················· 各10 毫升

♦ 做法

1. 菠菜洗净，切段；苹果洗净，去皮、去核，切成小块。
2. 将菠菜和苹果放入榨汁机中，再加水一起搅打成汁。
3. 将打好的蔬果汁滤渣后倒入杯中，加入柠檬汁、蜂蜜调匀即可。

✖ 功效解读

苹果富含类黄酮，菠菜中硝酸盐的含量较高。两者榨汁同饮，在体内产生一氧化氮，进而增加血流量、促进血管扩张、增强血管功能。菠菜和柠檬中均含有大量维生素C，不仅能辅助治疗贫血、清除自由基，还有防止毛细血管破裂的功效。故此款蔬果汁对促进血液循环很有好处。

爱心贴士

柠檬味极酸，易伤筋损齿，不宜食用过多。牙痛者、十二指肠溃疡或胃酸过多的患者忌用。

香瓜芹菜汁

♣ 原料

香瓜…………………………………半个
胡萝卜……………………………1根
芹菜…………………………………50克
水…………………………………200毫升
蜂蜜适量

♠ 做法

1. 将香瓜去皮、去瓤，切成块状；将胡萝卜洗净，去皮，切块；将芹菜洗净，切段。
2. 将香瓜、胡萝卜、芹菜放入榨汁机中，加入水一起搅打成汁。
3. 将蔬果汁倒入杯中，加入蜂蜜搅匀即可。

✖ 功效解读

芹菜含有丰富的挥发性芳香油，既能增进食欲，又能促进血液循环；胡萝卜能够抗氧化，还能防止血管硬化。故此款蔬果汁具有促进血液循环的功效。

🕐 制作时间：10分钟　　✖ 制作成本：5元

西蓝花果醋汁

♣ 原料

西蓝花…………………………………100克
果醋……………………………………10毫升
水适量

♠ 做法

1. 将西蓝花洗净，切块，用开水焯一下。
2. 将西蓝花放入榨汁机中，加入果醋和水一起搅打成汁即可。

✖ 功效解读

西蓝花所含的维生素K能强化血管的韧性，使其不易破裂；果醋能够改善血液循环、促进新陈代谢、调节酸碱平衡。此款蔬果汁不但能改善血液循环，还可以消除疲劳。

🕐 制作时间：9分钟　　✖ 制作成本：5元

豆浆柠檬汁

♣ 原料

豆浆·····················200 毫升
柠檬·······················半个
冰块·······················20 克

● 做法

1. 将柠檬洗净，带皮切丁。
2. 将切好的柠檬和豆浆放入榨汁机中榨汁。
3. 将榨好的蔬果汁倒入杯中，加入冰块调制均匀即可。

✖ 功效解读

柠檬能使血液畅通，恢复红细胞的活力，减轻贫血的症状；豆浆富含优质蛋白和大豆卵磷脂，能够软化血管。此款蔬果汁能够促进血液循环、增强血管弹性、保护心脑血管健康。

⊕ 制作时间：7分钟　　✖ 制作成本：4元

生菜芦笋汁

♣ 原料

生菜叶、芦笋·····················各50 克
水·····························200 毫升

● 做法

1. 将生菜叶洗净，切碎；将芦笋洗净，切丁。
2. 将切好的生菜叶、芦笋放入榨汁机中，加入水一起榨汁即可。

✖ 功效解读

生菜含有大量膳食纤维和微量元素，能加速脂肪和蛋白质分解，改善血液循环；芦笋特有的天门冬氨酸，能抗氧化、保护心血管健康。故此款蔬果汁不但能够促进血液循环，还有抗氧化功效。

⊕ 制作时间：9分钟　　✖ 制作成本：5元

香瓜蔬菜蜜汁

♣ 原料

香瓜·····································半个
紫甘蓝、芹菜··························各50 克
水································200 毫升
蜂蜜适量

● 做法

1. 将香瓜去皮、去瓤，切成块状；将紫甘蓝洗净，切成丝；将芹菜洗净，切成段。
2. 将香瓜、紫甘蓝、芹菜放入榨汁机中，加入水一起搅打成汁。
3. 将榨好的蔬果汁倒入杯中，加入适量蜂蜜搅拌均匀即可。

✖ 功效解读

此款蔬果汁富含膳食纤维、多种维生素和矿物质，能够将血液中的胆固醇和脂肪排出体外，并进一步促进血液循环。

🕒 制作时间：10分钟　　✖ 制作成本：5元

丝瓜苹果汁

♣ 原料

丝瓜·····································半根
苹果·····································1 个
水································200 毫升

● 做法

1. 将丝瓜洗净，去皮，切成丁，在沸水中焯一下；将苹果洗净，去皮、去核，切成块。
2. 将准备好的丝瓜和苹果放入榨汁机中，加入水一起榨汁即可。

✖ 功效解读

丝瓜所含的铜元素具有保护人体血液的功效，所含的维生素C有抗氧化作用；苹果所含的果胶能够增加肠胃蠕动，减少对胆固醇的吸收。此款蔬果汁能够降血脂、清理血管、促进血液循环。

🕒 制作时间：9分钟　　✖ 制作成本：3元

05

好贴心，特殊人群的特调蔬果汁

　　孕妇、烟民、酿酒者、因应酬等原因而长期不在家吃饭的外食族，不同的人群需要不同的营养供给，怎样才能补充身体所需，均衡摄入营养素呢？针对特殊人群的健康蔬果汁，不仅含有丰富的营养，还能够增强人体的抗压能力和免疫能力。每天一杯特调蔬果汁，为特殊人群驱走疾病隐患。

⊕ 制作时间：11分钟　✖ 制作成本：4元

西红柿豆腐汁

♣ 原料

西红柿 ······························· 1 个
嫩豆腐 ···························· 100 克
柠檬 ······························· 半个
蜂蜜、水各适量

♦ 做法

1. 将西红柿、豆腐洗净，切块；柠檬洗净，切片。
2. 将西红柿、豆腐和柠檬一起放入榨汁机中，加水榨汁。
3. 将榨好的蔬果汁倒入杯中，调入蜂蜜即可。

✖ 功效解读

豆腐含有优质的植物性蛋白；西红柿和柠檬富含维生素。此款蔬果汁不但能够提高免疫力，为孕妇提供必需的营养，还具有开胃消食的作用，适合孕妇饮用。

胡萝卜红薯牛奶

♣ 原料

胡萝卜 ···························· 70 克
红薯 ······························· 1 个
牛奶 ···························· 250 毫升
蜂蜜、核桃仁、芝麻各适量

♦ 做法

1. 将胡萝卜、红薯洗净，去皮，切小块，均用开水焯一下。
2. 将胡萝卜、红薯、核桃仁、芝麻和牛奶放入榨汁机搅打成汁。
3. 将蔬果汁倒入杯中，调入蜂蜜即可。

✖ 功效解读

此款蔬果汁不但具有润肠排便的功效，还能够开胃消食、提高抵抗力，适合孕妇饮用。

⊕ 制作时间：10分钟　✖ 制作成本：7元

卷心菜胡萝卜汁

🍀 原料

卷心菜······25 克
胡萝卜······半根
柠檬汁······10 毫升

● 做法

1. 将卷心菜洗净，切块；胡萝卜洗净，切成细长条。
2. 将卷心菜和胡萝卜放入榨汁机中榨成汁。
3. 将榨好的蔬果汁倒入杯中，加入柠檬汁调匀即可。

✖ 功效解读

卷心菜富含叶酸，可预防贫血和胎儿神经管畸形；胡萝卜富含胡萝卜素和多种维生素，能增强人体免疫力，对多种脏器有保护作用。此款蔬果汁能够提高孕妇的抗病能力，适合女性怀孕期间饮用。

🕐 制作时间：8分钟　　✖ 制作成本：3元

莲藕胡萝卜汁

🍀 原料

莲藕······50 克
胡萝卜······半根

● 做法

1. 将莲藕与胡萝卜均洗净，去皮，切块。
2. 将莲藕和胡萝卜放入榨汁机中一起搅打成汁，滤出果肉即可。

✖ 功效解读

胡萝卜营养丰富，不但能增强免疫功能，还可降糖降脂；莲藕具有开胃清热、解渴止呕的功效。此款蔬果汁能够强身健体，消除孕妇不适，适合孕期滋补身体饮用。

🕐 制作时间：8分钟　　✖ 制作成本：3元

西红柿蜂蜜汁

🕐 制作时间：6分钟　　✂ 制作成本：3元

♣ 原料

西红柿 ························· 2 个
蜂蜜 ····················· 30 毫升
水 ······················· 50 毫升

● 做法

1. 将西红柿洗净，去蒂后切成小块。
2. 将西红柿放入榨汁机中，再加入水，以高速搅打1.5分钟即可。
3. 将榨好的西红柿汁倒入杯中，加蜂蜜搅匀即可。

✂ 功效解读

西红柿具有止血、降压、利尿、健胃消食、生津止渴、清热解毒、凉血平肝的功效；蜂蜜适宜肠燥便秘，尤其适宜老年人、体弱者、病后、产妇便秘时食用。此款蔬果汁对孕期各种不适均有一定缓解作用，尤其对孕妇五心烦热、肠燥便秘疗效尤佳。

爱心贴士

　　蜂蜜除了包含葡萄糖、果糖之外，还含有各种维生素、矿物质和氨基酸，有促进小肠运动的作用，可显著缩短排便时间，还能增强人体的免疫功能。

卷心菜白萝卜汁

♣ 原料
卷心菜、白萝卜 ·························· 各50 克
无花果 ······································ 2 个
水 ·· 300 毫升
酸奶···································· 150 毫升

● 做法
1. 将白萝卜和无花果均洗净，去皮，切块；将卷心菜洗净，切成小块。
2. 将白萝卜、卷心菜、无花果一起放入榨汁机中，加入水和酸奶一起搅打成汁，滤出果肉即可。

✖ 功效解读
此款蔬果汁营养丰富，具有清热生津、凉血止血、下气宽中、消食化滞、开胃健脾的功效，对孕妇常见的食欲不振、脘腹胀痛、痔疮便秘、消化不良等症均有改善作用。

🕑 制作时间：8分钟　　✖ 制作成本：7元

卷心菜水芹汁

♣ 原料
卷心菜 ······································ 35 克
水芹 ······································ 100 克

● 做法
1. 将卷心菜洗净，切成大块；将水芹洗净，切成段。
2. 用卷心菜包裹水芹，放入榨汁机榨汁即可。

✖ 功效解读
水芹富含膳食纤维和维生素，具有净化血液、降低血压、宣肺利湿等功效；卷心菜富含维生素C、叶酸和钾，能提供孕期必需的营养成分。此款蔬果汁具有开胃消食、补充营养的作用，适合孕妇饮用。

🕑 制作时间：8分钟　　✖ 制作成本：2元

芦笋洋葱红糖汁

♣ 原料

芦笋·······50 克
香菜·······10 克
洋葱·······15 克
红糖·······20 克
水适量

♦ 做法

1. 将芦笋洗净后切丁，放入开水中焯熟捞起；香菜洗净，切段；洋葱洗净，切丁。
2. 将芦笋、香菜和洋葱放入榨汁机内，加入适量水和红糖，搅打成汁即可。

✖ 功效解读

芦笋具有调节机体代谢，提高身体免疫力的功效；洋葱含有硒元素，能清除体内氧自由基；红糖富含铁质。此款蔬果汁不但能提高孕妇的免疫力，还可以预防贫血。

🕐 制作时间：8分钟　　✖ 制作成本：4元

五色蔬菜汁

♣ 原料

芹菜、卷心菜、土豆·······各30 克
胡萝卜·······半根
香菇·······1 朵
蜂蜜·······30 毫升
水适量

♦ 做法

1. 将芹菜、卷心菜和香菇均洗净，切块；将土豆和胡萝卜均洗净，去皮，切块。
2. 将上述准备好的材料用水焯熟后捞起沥干。
3. 将全部材料倒入榨汁机内，加水搅打成汁。
4. 将蔬果汁倒入杯中，调入蜂蜜即可。

✖ 功效解读

此款蔬果汁富含多种营养素，能够改善高血压、水肿、便秘等多种孕妇常见的病症，适合怀孕女性饮用。

🕐 制作时间：8分钟　　✖ 制作成本：4元

白萝卜生姜汁

♣ 原料

白萝卜·····························200 克
生姜·································30 克
蜂蜜适量

♦ 做法

1. 将白萝卜与生姜洗净，去皮，磨碎，用纱布过滤汁液。
2. 将汁液倒入杯中，加入蜂蜜搅匀即可。

✖ 功效解读

白萝卜具有促进消化、增强食欲、加快胃肠蠕动和止咳化痰的作用；生姜能够发汗解表、温肺止咳。此款蔬果汁不但能够改善食欲、促进消化，还可以增强免疫功能，适合孕妇饮用。

🕐 制作时间：10分钟　　✖ 制作成本：4元

🕐 制作时间：12分钟　　✖ 制作成本：6元

葡萄柠檬蔬果汁

♣ 原料

葡萄······························ 100 克
胡萝卜····························· 1 根
柠檬·······························半个
冰糖、水各适量

♦ 做法

1. 将葡萄洗净；胡萝卜洗净，去皮，切成小块；柠檬洗净，切片。
2. 将葡萄、胡萝卜、柠檬放入榨汁机中，加水搅打成汁。
3. 将蔬果汁倒入杯中，加入冰糖调匀即可。

✖ 功效解读

葡萄营养丰富，具有补益气血、通利小便的作用；胡萝卜和柠檬富含维生素，此外还具有很强的抗氧化功能。此款蔬果汁不但能改善孕妇的水肿症状，还可增强免疫力。

葡萄柚蔬果汁

♣ 原料

黄瓜、葡萄柚·····················各100 克
苹果······························ 1/5 个
酸奶······························ 75 毫升
水································ 200 毫升
低聚糖····························· 10 克

♦ 做法

1. 将葡萄柚去皮，剥块；苹果洗净，去皮、去核，切块；黄瓜洗净，切大小适当的块。
2. 将葡萄柚、苹果、黄瓜放入榨汁机，加入酸奶和水一起搅打成汁。
3. 将打好的蔬果汁滤渣后倒入杯中，加入低聚糖调匀即可。

✖ 功效解读

葡萄柚含有天然叶酸，可以预防孕妇贫血，并减少胎儿畸形的几率；苹果、黄瓜富含膳食纤维，能促进肠胃蠕动。此款蔬果汁不但能增强孕妇和胎儿健康，还能改善便秘症状。

🕐 制作时间：10分钟　✖ 制作成本：8元

草莓蔬果汁

♣ 原料

草莓·······························50 克
黄瓜······························半根
葡萄柚····························半个
柠檬······························ 1个

♦ 做法

1. 将草莓洗净，去蒂，切块；葡萄柚去皮，取果肉；黄瓜洗净，切块；柠檬洗净，切片。
2. 将草莓、黄瓜、葡萄柚和柠檬依序交错地放入榨汁机中榨汁即可。

✖ 功效解读

草莓含有果胶及纤维素，能促进胃肠蠕动，帮助消化；葡萄柚富维生素C，能够促进抗体生成。此款蔬果汁不但能够改善孕妇消化不良、便秘等症状，还能增强体质。

🕐 制作时间：13分钟　✖ 制作成本：6元

苹果胡萝卜汁

♣ 原料

苹果·· 1 个
胡萝卜······································半根
柠檬······································ 1/3 个
水·· 200 毫升

♦ 做法

1. 将苹果洗净，去核，切块；将胡萝卜洗净，去皮，切块；柠檬洗净，切片。
2. 将苹果、胡萝卜和柠檬一起放入榨汁机中，加入水榨汁即可。

✖ 功效解读

苹果有纾解压力、宁神安眠的作用；胡萝卜富含维生素和胡萝卜素，能增强人体免疫力。此款蔬果汁不但能为孕妇提供丰富营养，还具有放松情绪、预防感冒等功效。

🕐 制作时间：10分钟　✖ 制作成本：5元

🕐 制作时间：12分钟　✖ 制作成本：7元

芒果胡萝卜酸奶

♣ 原料

胡萝卜·· 2 根
芒果·· 1 个
酸奶·· 200 毫升
杏仁适量

♦ 做法

1. 胡萝卜洗净，去皮，切块；芒果洗净，去皮、去核，切小块。
2. 将胡萝卜和芒果放入榨汁机中，加入酸奶榨汁即可。
3. 将榨好的蔬果汁倒入杯中，撒上杏仁作点缀即可。

✖ 功效解读

芒果具有一定的止吐作用，还能滋润肌肤、促进排便；胡萝卜有滋补五脏、补益气血的功效；酸奶有助于消化及防治便秘。此款蔬果汁能改善孕期食欲不振、便秘等症状，适合孕妇饮用。

菠菜胡萝卜汁

🕐 制作时间：9分钟　　✖ 制作成本：5元

♣ 原料

菠菜·····························100 克
胡萝卜·························1/4 根
卷心菜··························50 克
西芹····························60 克

♦ 做法

1. 将菠菜洗净，去根，切成小段；将胡萝卜洗净，去皮，切小块；将卷心菜洗净，撕成块；将西芹洗净，切成小段。

2. 将菠菜、胡萝卜、卷心菜、西芹一起放入榨汁机中榨汁即可。

✖ 功效解读

菠菜和西芹均含有大量植物粗纤维，能够促进胃肠道蠕动，帮助消化，利于排便；卷心菜中含有的植物杀菌素有抗菌消炎的作用；胡萝卜富含多种维生素。此款蔬果汁营养丰富，不但能改善孕妇便秘的症状，还能够增强人体免疫力。

爱心贴士

胡萝卜的主要营养成分是 β-胡萝卜素，其存在于胡萝卜的细胞壁中，人体无法直接消化吸收，必须通过切碎、煮熟或咀嚼等方式，使细胞壁破碎，β-胡萝卜素才能释放出来。故在食用胡萝卜时，一定要注意烹调方法。

西红柿甘蔗汁

♣ 原料

西红柿 ………………………………… 1个
卷心菜 ………………………………… 100 克
甘蔗汁 ………………………………… 300 毫升
水 …………………………………… 200 毫升

● 做法

1. 将西红柿洗净，去皮，切块；将卷心菜洗净，撕成小块。
2. 将西红柿和卷心菜放入榨汁机内，加入甘蔗汁和水榨汁即可。

✖ 功效解读

甘蔗可改善孕妇呃逆、恶心症状，并具有清热生津、下气润燥的特殊效果；卷心菜和西红柿富含维生素和膳食纤维。故此款蔬果汁不但能够缓解孕妇反胃呕吐的症状，还具有通便解结、增强人体免疫力的作用。

🕐 制作时间：12分钟　　✖ 制作成本：6元

葡萄柚牛奶汁

♣ 原料

葡萄柚 ………………………………… 1个
牛奶 …………………………………… 200 毫升
葡萄干适量

● 做法

1. 将葡萄柚去皮，切成块状；将葡萄干洗净。
2. 将葡萄柚、葡萄干放入榨汁机中，再加入牛奶一起搅打成汁即可。

✖ 功效解读

葡萄柚富含叶酸，并具有健胃润肺、清肠利便等功效；牛奶富含优质蛋白和钙质。故此款蔬果汁不但能为孕妇提供充足营养，还能预防孕期骨质疏松症状。

🕐 制作时间：9分钟　　✖ 制作成本：5元

① 制作时间：9分钟　　✖ 制作成本：5元

百合卷心菜蜜汁

♣ 原料
卷心菜 …………………………………… 50 克
水 …………………………………… 200 毫升
百合、蜂蜜各适量

● 做法
1. 将卷心菜洗净，切碎；百合洗净。
2. 将准备好的卷心菜、百合放入榨汁机中，再加水榨汁即可。
3. 将蔬果汁倒入杯中，加蜂蜜调匀即可。

✖ 功效解读
百合具有润肺止咳、清心安神的作用；卷心菜富含维生素，能够清除体内的有害物质，延缓衰老。此款蔬果汁能够增强肺部功能，适合长期吸烟者经常饮用。

猕猴桃蔬果汁

♣ 原料
荸荠、葡萄 …………………………… 各40 克
猕猴桃 …………………………………… 1 个
水 …………………………………… 200 毫升

● 做法
1. 将荸荠洗净，去皮；葡萄洗净，去皮、去籽；猕猴桃去皮，切成块状。
2. 将准备好的荸荠、葡萄、猕猴桃放入榨汁机中，加入水榨汁即可。

✖ 功效解读
荸荠具有清热化痰、生津润燥的功效；猕猴桃富含多种维生素，能防治呼吸系统疾病。此款蔬果汁不但能够保护口腔、净化口气，还能预防牙龈出血，适合吸烟者饮用。

① 制作时间：10分钟　　✖ 制作成本：6元

猕猴桃椰奶汁

♣ 原料

猕猴桃 ·····································4 个
柠檬·····································半个
椰奶····························· 200 毫升

♠ 做法

1. 将猕猴桃去皮，切成块状；将柠檬洗净，切成块状。
2. 将猕猴桃、柠檬放入榨汁机中，再加入椰奶榨汁即可。

✖ 功效解读

猕猴桃具有排毒抗衰老、抗氧化、治疗口腔溃疡、增强免疫力等功效；椰奶能有效杀灭口腔细菌。此款蔬果汁适合吸烟者为清新口气、提高免疫力而长期饮用。

🕐 制作时间：13分钟　　✖ 制作成本：10元

🕐 制作时间：10分钟　　✖ 制作成本：6元

苦瓜胡萝卜汁

♣ 原料

苦瓜·····································2 根
胡萝卜····································1 根
水 ····························· 200 毫升
蜂蜜适量

♠ 做法

1. 将苦瓜洗净，去籽，切成丁；将胡萝卜洗净，去皮，切成块状。
2. 将苦瓜、胡萝卜放入榨汁机，加入水榨汁。
3. 将榨好的蔬果汁倒入杯中，加适量蜂蜜调匀即可。

✖ 功效解读

苦瓜富含的维生素C能提高人体的免疫功能，使免疫细胞具有杀灭癌细胞的作用，从而抑制恶性肿瘤的生长；胡萝卜也具有抗氧化的功效。故此款蔬果汁适合长期吸烟者经常饮用，对预防肺癌有一定功效。

西瓜柠檬汁

♣ 原料

西瓜……………………………………200 克
柠檬……………………………………30 克

♠ 做法

1. 将西瓜洗干净，去皮、去籽；将柠檬洗净，切片。
2. 将西瓜和柠檬放入榨汁机搅打成汁即可。

✖ 功效解读

西瓜含有丰富的苹果酸、维生素A、胡萝卜素，具有清热解毒、利尿消肿、解酒的作用。故本品适合在饮酒过量时饮用。

🕐 制作时间：5分钟　✖ 制作成本：3元

甘蔗西红柿汁

♣ 原料

甘蔗……………………………………200 克
西红柿…………………………………100 克

♠ 做法

1. 将甘蔗去皮，放入榨汁机中榨汁备用。
2. 将西红柿洗净，切块，放入榨汁机中榨汁。
3. 将甘蔗汁与西红柿汁倒入杯中混合，搅匀即可。

✖ 功效解读

甘蔗具有清热生津及解酒的功效；酒醉后的呕吐不仅让人很难受，还会造成体内的钾、钙、钠等元素的大量流失，西红柿中丰富的钾、钙、钠成分可补充体内流失元素的不足。故本品可缓解酒后不适。

🕐 制作时间：10分钟　✖ 制作成本：3元

芝麻香蕉牛奶汁

♣ 原料
香蕉·······························1 根
牛奶····························200 毫升
芝麻适量

♦ 做法
1. 将香蕉剥去皮以及果肉上的香蕉络，再切成块状。
2. 将香蕉块放入榨汁机中，再加入牛奶一起搅打成汁。
3. 将榨好的汁倒入杯中，撒上芝麻即可。

✖ 功效解读
芝麻中含有的木酚素类物质具有抗氧化作用，可以消除肝脏中的活性氧，消除宿醉。此款蔬果汁营养丰富，不但能减轻肝脏负担，还有降低胆固醇的作用。

🕐 | 制作时间：8分钟　　✖ | 制作成本：5元

姜黄柠檬汁

♣ 原料
柠檬水 ··························200 毫升
姜黄粉 ·····························1 汤匙

♦ 做法
将姜黄粉和柠檬水一起倒入杯中混合，搅拌均匀即可。

✖ 功效解读
姜黄能够减少肝脏中甘油三酯、磷脂及血清总甘油三酯的含量，有保肝的作用；柠檬富含有机酸，可与酒精相互作用形成酯类物质，从而达到解酒的目的。此款蔬果汁具有保肝、解酒、抗氧化的功效，适合宿醉者饮用。

🕐 | 制作时间：8分钟　　✖ | 制作成本：6元

西瓜莴笋汁

🕐 制作时间：9分钟　　✖ 制作成本：5元

♣ 原料

西瓜·······················200 克
莴笋·······················150 克
水·························200 毫升

● 做法

1. 将西瓜去皮、去籽，切成块状。
2. 将莴笋洗净，去皮，切成块状。

3. 将切好的西瓜、莴笋一起放入榨汁机中，加水榨汁即可。

✖ 功效解读

西瓜含有瓜氨酸、精氨酸等成分，有清热解暑、解烦渴、利小便、解酒毒等功效，可用来治一切热证、暑热烦渴、小便不利、咽喉疼痛、口腔发炎和酒醉。莴笋的含钾量较高，能促进排尿；莴笋还富含氟元素，能改善消化系统和增强肝脏功能。故此款蔬果汁能增强肝脏的解毒功能，有利于消除宿醉，适合酗酒者饮用。

爱心贴士

莴笋适宜患有小便不通、尿血、水肿、糖尿病、肥胖、神经衰弱、高血压、心律不齐、失眠等人群食用；妇女产后缺乳、酒后也适宜食用；但多动症儿童，有眼病、痛风、脾胃虚寒、腹泻便溏之人则不宜食用。

菠萝卷心菜汁

♣ 原料
菠萝·······················200 克
卷心菜·······················50 克
水·······················200 毫升

♦ 做法
1. 将菠萝去皮，洗净，切成块状；将卷心菜洗净，切碎。
2. 将切好的菠萝、卷心菜一起放入榨汁机，再加入水榨汁即可。

✖ 功效解读
菠萝能止渴解烦、醒酒益气、保护肝脏；卷心菜有很强的杀菌消炎作用，可改善胃痛、牙痛、咽喉肿痛等症状。此款蔬果汁可以有效缓解因饮酒过多引起的多种不适。

🕒 制作时间：9分钟　　✖ 制作成本：5元

草莓苹果萝卜汁

♣ 原料
草莓·······················40 克
苹果·······················1 个
白萝卜·······················30 克
水·······················200 毫升

♦ 做法
1. 将草莓去蒂，洗净，切成块状；将白萝卜洗净，去皮，切成块状；将苹果洗净，去核，切成块状。
2. 将准备好的草莓、白萝卜、苹果一起放入榨汁机中，加入水榨汁即可。

✖ 功效解读
草莓和白萝卜均有润肺生津、清热健脾的功效；苹果中所含的果胶能够降低肠胃对胆固醇的吸收。此款蔬果汁能和胃解酒，可以缓解酒后头痛和恶心等症状。

🕒 制作时间：10分钟　　✖ 制作成本：6元

185

⏱ 制作时间：10分钟　❌ 制作成本：7元

苹果香蕉芹菜汁

☘ 原料
苹果、香蕉······················各100克
芹菜································50 克
水······························ 200 毫升

● 做法
1. 将苹果洗净，去核，切成块状；将芹菜洗净，切成段；将香蕉剥去皮和果肉上的果络，切成块状。
2. 将切好的苹果、香蕉和芹菜放入榨汁机中，再加入水榨汁即可。

❌ 功效解读
香蕉和苹果均含大量的水溶性纤维，能够加速肠胃蠕动；芹菜含有降压成分，能够使血压保持正常。此款蔬果汁不但能增强胃肠功能，还能降低血压和胆固醇，适合外食族饮用。

菠萝苦瓜汁

☘ 原料
菠萝、苦瓜···························各100 克
水······························ 200 毫升

● 做法
1. 将菠萝去皮，洗净，切成块状；将苦瓜洗净，去籽，切成块状。
2. 将切好的菠萝、苦瓜一起放入榨汁机中，加入水榨汁即可。

❌ 功效解读
菠萝能够促进食欲、分解蛋白质，保护肠胃和肝脏健康；苦瓜能够减少肠胃对油脂的摄入量。此款蔬果汁具有降低脂肪和胆固醇吸收的功效，适合在外应酬多的外食族长期饮用。

⏱ 制作时间：10分钟　❌ 制作成本：5元

柳橙芒果牛奶汁

♣ 原料

柳橙、芒果⋯⋯⋯⋯⋯⋯⋯⋯⋯⋯⋯各1个
牛奶⋯⋯⋯⋯⋯⋯⋯⋯⋯⋯⋯ 200 毫升

● 做法

1. 将柳橙去皮，切块；将芒果去皮、去核，切成块状。
2. 将柳橙、芒果和牛奶一起放入榨汁机中榨成汁即可。

✖ 功效解读

柳橙具有降低胆固醇、帮助消化、增强食欲的功效；芒果能够健胃消食、生津止渴。此款蔬果汁不但能够促进消化、降低胆固醇，还具有抗氧化作用，适合长期在外吃饭的人士饮用。

🕐 制作时间：9分钟　　✖ 制作成本：6元

猕猴桃卷心菜汁

♣ 原料

猕猴桃⋯⋯⋯⋯⋯⋯⋯⋯⋯⋯⋯⋯⋯2 个
卷心菜⋯⋯⋯⋯⋯⋯⋯⋯⋯⋯⋯⋯50 克
黄瓜⋯⋯⋯⋯⋯⋯⋯⋯⋯⋯⋯⋯⋯半根
水⋯⋯⋯⋯⋯⋯⋯⋯⋯⋯⋯⋯ 200 毫升

● 做法

1. 将猕猴桃去皮，切成块状；将卷心菜、黄瓜均洗净，切成块状。
2. 将切好的猕猴桃、卷心菜和黄瓜一起放入榨汁机中，加入水榨成汁即可。

✖ 功效解读

猕猴桃富含类胡萝卜素和抗氧化物质，有助于抑制胆固醇物质的氧化；卷心菜和黄瓜均富含维生素，有消炎作用。故此款蔬果汁不但能够降低人体胆固醇的含量，还可在一定程度上预防肝炎。

🕐 制作时间：10分钟　　✖ 制作成本：7元

187

火龙果菠萝汁

⏱ 制作时间：10分钟　　✂ 制作成本：8元

☘ 原料

火龙果 ·······················1个
菠萝·······················200 克
碎冰·······················300 克
水 ·······················50 毫升
果糖·······················10 毫升

♠ 做法

1. 将火龙果去皮，切块；将菠萝去皮，洗净，切块。

2. 将火龙果、菠萝放入榨汁机中，再加入水和碎冰，一起搅打成汁。

3. 将蔬果汁倒入杯中，加果糖搅匀即可。

✖ 功效解读

火龙果富含植物性白蛋白，这种白蛋白会自动与人体内的重金属离子相结合，并通过排泄系统排出体外，从而起到解毒作用；火龙果和菠萝还均富含水溶性膳食纤维，具有减肥、降低胆固醇、预防便秘、大肠癌等功效。故此款蔬果汁具有促进消化、排毒、缓解便秘等多重功效。

爱心贴士

火龙果虽然营养丰富，但糖尿病人，体质虚冷的女性，有脸色苍白、四肢乏力、经常腹泻等症状的寒性体质者均不宜多食。此外，火龙果还不宜与牛奶同食。

西瓜菠萝汁

❧ 原料

西瓜·····································100 克
菠萝·····································80 克
水·······································30 毫升
柠檬汁、蜂蜜··························各15 毫升

● 做法

1. 将西瓜去皮、去籽，切小块；将菠萝去皮，洗净，切小块。
2. 将西瓜、菠萝放入榨汁机中，加入水一起搅打成汁。
3. 将榨好的蔬果汁滤渣后倒入杯中，加入柠檬汁和蜂蜜调匀即可。

❀ 功效解读

西瓜富含水分和钾元素，不但能消暑解渴，还具有利尿降火的作用；菠萝能促进肠胃蠕动、帮助消化。此款蔬果汁不但是消暑圣品，还可以避免消化不良，适合外食族饮用。

🕑 制作时间：9分钟　　✖ 制作成本：7元

葡萄卷心菜汁

❧ 原料

葡萄、卷心菜······························各50 克
水·······································200 毫升

● 做法

1. 将葡萄洗净，去籽，取出果肉；将卷心菜洗净，切碎。
2. 将准备好的葡萄、卷心菜和水一起放入榨汁机中榨汁即可。

❀ 功效解读

葡萄富含花青素，可阻止胆固醇囤积在血管上，并增强血管弹性；卷心菜不但有较强的抗氧化、防衰老作用，还能够保护肠胃健康。故此款蔬果汁能够增强体质，预防心脑血管疾病，适合经常在外边吃饭而摄入油脂过多的人士饮用。

🕑 制作时间：8分钟　　✖ 制作成本：4元

附录一：蔬果汁中的蔬菜图鉴

白菜

通利肠胃、利尿通便、清热解毒

主要成分：糖类、脂肪、蛋白质、粗纤维、胡萝卜素、维生素B$_1$，以及钙、磷、铁、钼等矿物质。

选购与贮存：挑选包心的白菜，以包心紧、分量重的为佳。白菜在低温下可以储存很长时间，但注意不要受冻。

胡萝卜

补血、健脾、助消化

主要成分：糖类、脂肪、挥发油、胡萝卜素、维生素A、维生素B$_1$、维生素B$_2$、花青素，以及钙、铁等矿物质。

选购与贮存：选购胡萝卜以个头小、茎较细、皮平滑而无污斑、口感甜脆、色呈橘黄且有光泽者为佳。胡萝卜应被放入冰箱冷藏室中冷藏，以防止营养成分的流失。

黄瓜

止渴、解暑、利尿

主要成分：糖类、苷类、氨基酸、维生素B$_2$、维生素C、钙、铁、磷等。

选购与贮存：挑选细长均匀的，表面的刺还有一点扎手，颜色看上去很新鲜的。保存时不要清洗，将黄瓜用纸包好，然后在纸外面用保鲜膜或者保鲜袋封严，放进冰箱保存。

苦瓜

降血糖、降血脂、清热解毒

主要成分：水分、蛋白质、脂肪、膳食纤维、碳水化合物、胡萝卜素、苦瓜苷、维生素C、维生素E，及钾、钠、钙、镁、铁等矿物质。

选购与贮存：苦瓜身上一粒一粒的果瘤，是判断苦瓜好坏的特征。果瘤越大越饱满，表示瓜肉也越厚。苦瓜不耐保存，即使在冰箱中存放也不宜超过2天。

芹菜

清热平肝、祛风利湿、除烦消肿

主要成分：蛋白质、膳食纤维、碳水化合物、胡萝卜素、B族维生素，以及钙、磷、铁、钠等矿物质。

选购与贮存：挑选的时候，要选择茎部纹理略微凹凸且断面狭窄的芹菜，这样的芹菜通常水分很足。在冰箱中竖直存放，存放前去掉叶子。

芦笋

减肥、抗肿瘤、抗衰老、降血压、降血脂、降血糖

主要成分：蛋白质、脂肪、膳食纤维、碳水化合物、胡萝卜素、烟酸、维生家C，以及钾、钠、钙、镁、铁等矿物质。

选购与贮存：芦笋以形状正直、笋尖花苞紧密、没有水伤腐臭味、表皮鲜亮不萎缩、细嫩粗大、基部未老化、以手折之即断者为佳。芦笋组织容易很快纤维化，不易保存，所以要用纸包好，置于冰箱保存，可保存2~3天。

西红柿

清热解毒、保护肝细胞、减肥降脂

主要成分：碳水化合物、蛋白质、维生素C、胡萝卜素、矿物盐、有机酸等。

选购与贮存：挑选西红柿时，以颜色粉红、果形浑圆、表皮有白色小点点、感觉表层有淡淡的粉、捏起来很软者为佳。好的西红柿，蒂的部位一定要圆润，最好带淡淡的青色；子粒呈土黄色；肉质红色、沙瓤、多汁。不要买带尖、底很高或有棱角的，也不要挑选拿着感觉分量很轻的。日常可以放在冰箱内保存，但保存时间不宜过长。

卷心菜

润脏腑、益心力、壮筋骨、祛结气、清热止痛

主要成分：蛋白质、脂肪、碳水化合物、膳食纤维、维生素C、维生素B_6、叶酸，以及钾、钙、铁等矿物质。

选购与贮存：选购卷心菜的时候，以叶球坚硬紧实的为佳，松散的表示包心不紧，则不要购买；叶球坚实，但顶部隆起，则说明球内开始抽薹，也不要买。卷心菜最好吃现买。

红薯

止渴、降压、解酒毒

主要成分：蛋白质、淀粉、纤维素、氨基酸及多种矿物质。

选购与贮存：红薯应挑选长条形的、皮红的。储存前先将红薯放在外面晒一天，然后保存在干燥的环境里，尽量不要沾到水。

土豆

和胃健中、解毒消肿

主要成分：维生素A、维生素C，各种矿物质、淀粉等。

选购与贮存：土豆一定要选皮干的，不要用水泡过的，不然保存时间短，口感也不好。如需长期存放，可以将土豆与苹果放在一起，苹果产生的乙烯会抑制土豆芽眼处的细胞生长素，土豆自然就不易发芽了。

莲藕

消食止泻，开胃清热，滋补养性

主要成分：蛋白质、脂肪、碳水化合物、粗纤维、胡萝卜素、烟酸、维生素K，以及钙、磷、铁等矿物质。

选购与贮存：莲藕以藕节粗短、外形饱满、无明显外伤、外皮颜色光滑且呈黄褐色、没有异味、切开后通气孔较大的为佳。可将莲藕表面覆盖塑料薄膜，可保鲜1个月左右，此种方法的优点是贮藏量大、操作方便、并可防止干瘪。

白萝卜

清热生津、凉血止血、顺气消食

主要成分：葡萄糖、蔗糖、果糖、腺嘌呤、精氨酸、胆碱、淀粉酶、B族维生素、维生素C、钙、磷、锰、硼等。

选购与贮存：要选择根茎白皙细致、表皮光滑、整体有弹性、带有绿叶、掂起来分量比较重的。应将白萝卜储存在冰箱冷藏室中，需分开放。

西蓝花

清理血管、阻止胆固醇氧化、防止血小板凝结

主要成分：蛋白质、碳水化合物、脂肪、胡萝卜素、维生素C，以及钙、磷、铁、钾、锌、锰等矿物质。

选购与贮存：西蓝花以颜色浓绿鲜亮，手感较沉重，花球表面无凹凸、整体有隆起感、花蕾紧密结实，叶片嫩绿、湿润的为佳。用纸或保鲜膜包住西蓝花，然后再将其直立放入冰箱的冷藏室内，大约可保鲜1周左右。

油菜

通肠胃、除烦躁、解热、消食

主要成分：蛋白质、脂肪、碳水化合物、粗纤维、钙、磷、铁、胡萝卜素等。

选购与贮存：购买时要挑选新鲜、油亮、无虫、无黄叶的嫩青菜，用两指轻轻一掐即断者。不宜长期保存，放在冰箱中可保存24小时左右。

山药

补脾养胃、生津益肺、补肾涩精

主要成分：18种氨基酸、矿物质、蛋白质、葡萄糖、B族维生素、维生素C、维生素E等。

选购与贮存：山药一般要选择茎干笔直、粗壮，拿到手中有一定分量的；如果是切好的山药，则要选择切开处呈白色的；新鲜的山药一般表皮比较光滑，颜色呈自然的皮肤颜色。如果需长时间保存，应该把山药放入锯木屑中包埋；短时间保存，则只需用纸包好放入低温阴暗处即可。

洋葱

健胃宽中、理气消食

主要成分：糖类、蛋白质、无机盐、多种维生素、二烯丙基二硫化物及蒜氨酸等。

选购与贮存：要选择葱头肥大，外皮有光泽、无腐烂、无外伤、无泥土的产品；新鲜葱头不带叶。洋葱应选择在通风处存放，并保持干燥。

附录二：蔬果汁中的水果图鉴

苹果

健胃消食、生津止渴、止泻

主要成分：糖类、有机酸、果胶、纤维素、维生素A、B族维生素等。

选购与贮存：选择果柄有同心圆，身上有条纹且比较多，色红艳的。可用家庭中常见的容器储存，纸箱、木箱均可。

柠檬

化痰止咳、消食、生津、利尿

主要成分：维生素C、糖类、钙、磷、铁、维生素B_1、维生素B_2、柠檬酸、苹果酸等。

选购与贮存：好的柠檬，个头中等；果形椭圆，两端均突起而稍尖，似橄榄球状；成熟者皮色鲜黄；具有浓郁的香气。完整的柠檬在常温条件下一般可以保存1个月左右。切开的柠檬只要用保鲜膜包好放入冰箱即可。

草莓

润肺生津、健脾和胃、利尿消肿、解热祛暑

主要成分：氨基酸、果糖、蔗糖、葡萄糖、柠檬酸、苹果酸等。

选购与贮存：不要买畸形草莓，因为畸形草莓可能是在种植过程中滥用激素造成的，长期大量食用这样的草莓，有可能损害人体健康。草莓最佳的保存环境是接近0℃但不结霜的冰箱内。

猕猴桃

调中理气、生津润燥、解热除烦

主要成分：丰富的维生素C、维生素A、维生素E以及钙、钾、镁、纤维素、胡萝卜素、黄体素、氨基酸、天然肌醇等。

选购与贮存：选猕猴桃一定要选头尖尖的，而不要选择头扁扁的像鸭子嘴巴的那种。猕猴桃不可放置在通风处，这样水分会流失，就会越来越硬，影响口感。正确的贮藏方法是放于箱子中。

梨

清热生津、止咳化痰

主要成分：蛋白质、脂肪、糖类、粗纤维、钙、磷、铁、胡萝卜素、维生素B$_1$、维生素B$_2$、维生素C等。

选购与贮存：应挑选大小适中、果皮薄细、光泽鲜艳、果肉脆嫩、无虫眼及损伤者。将鲜梨用2～3层软纸一个一个分别包好，将单个包好的梨装入纸盒，再放进冰箱内的蔬菜箱中。1周后取出来去掉包装纸，装入塑料袋中，不扎口，再放入冰箱0℃保鲜室，一般可存放2个月。

菠萝

解暑止渴、消食止泻

主要成分：膳食纤维、葡萄糖、磷、柠檬酸和蛋白酶等。

选购与贮存：挑选菠萝时要注意色、香、味三方面。果实青绿、坚硬、没有香气的菠萝不够成熟；色泽已经由黄转褐、果身变软、溢出浓香的便为成熟的果实；捏一捏果实，如果有汁液溢出就说明已经变质，不可以再食用了。已切开的菠萝可用保鲜膜包好，放在冰箱里，但存放最好不要超过2天。

葡萄

补血、利筋骨、健胃生津除烦渴、益气逐水利小便

主要成分：葡萄糖、果糖、蛋白质、氨基酸、酒石酸、多种维生素，以及钙、钾、磷、铁等矿物质。

选购与贮存：新鲜的葡萄表面有一层白色的霜，用手一碰就会掉，所以没有白霜的葡萄可能是被挑挑拣拣剩下的。贮藏时将葡萄放入保鲜袋中，存放在冰箱内即可。

葡萄柚

滋养组织细胞、增加体力、改善水肿

主要成分：叶酸、钾、维生素P、维生素C以及可溶性纤维素等。

选购与贮存：选择果实坚实、紧致的，这样的葡萄柚成熟得最好，同时也最新鲜。如果葡萄柚的表面已经轻微变色，或表皮有所刮伤，都不会影响其食用价值和口感。将葡萄柚拿在手中，感觉很沉且厚实的，就代表其果汁含量丰富。

香蕉

清热润肠、促进肠胃蠕动

主要成分：碳水化合物、蛋白质、脂肪及多种微量元素和维生素等。

选购与贮存：应选择果实丰满、肥壮，果形端正、体曲，整体排列成梳状，梳柄完整，无缺枝和脱落现象的香蕉。香蕉不能被存放于冰箱里，若把香蕉放在12℃以下的地方贮存，会使香蕉发黑、腐烂。

木瓜

消暑解渴、润肺止咳

主要成分：番木瓜碱、木瓜蛋白酶、木瓜凝乳酶、番茄烃、B族维生素、维生素C、维生素E、糖类、脂肪、胡萝卜素、隐黄素、蝴蝶梅黄素、隐黄素环氨化物等。

选购与贮存：选购时，木瓜皮要光滑、颜色要亮、不能有色斑。木瓜的存放比较简单，放在一般的阴凉处即可。

芒果

理气止咳、健脾益胃、止呕止晕

主要成分：糖类、蛋白质、粗纤维、维生素A、维生素C等。

选购与贮存：选皮质细腻且颜色深的，这样的芒果新鲜熟透；不要挑有点发绿的，那是没有完全成熟的表现。最好放在避光、阴凉的地方贮藏；如果一定要放入冰箱，应置于温度较高的冷藏室中，保存的时间最好不要超过2天。

柳橙

生津止渴、和胃健脾、去油腻、清肠道

主要成分：蛋白质、脂肪、膳食纤维、碳水化合物、胡萝卜素、B族维生素、维生素C等。

选购与贮存：选购柳橙以中等大小、香浓而皮薄的为佳；握在手里感觉沉重的、颜色佳、有光泽、脐窝不是太大、气味芳香浓郁的可以放心购买。柳橙用保鲜袋装起来，不要接触空气就可以存放久一点，但一定不能放冰箱里保鲜。

火龙果

防止血管硬化、降低胆固醇

主要成分：胡萝卜素、B族维生素、维生素C等，果核内（黑色芝麻状种子）更含有丰富的钙、磷、铁等矿物质及各种酶、白蛋白、纤维素及高浓度的花青素等。

选购与贮存：果肉为白肉的口感好。最好在避光、阴凉的地方贮藏；如果一定要放入冰箱，应置于温度较高的冷藏室中，保存的时间最好不要超过2天。

西瓜

清热解暑、除烦止渴、清肺胃、利便

主要成分：维生素C、瓜氨酸、丙氨酸、谷氨酸、精氨酸、苹果酸、磷酸、果糖、葡萄糖、盐类、钙、铁、磷、粗纤维等。

选购与贮存：花皮瓜类，要纹路清楚、深淡分明；黑皮瓜类，要皮色乌黑、带有光泽；无论何种西瓜，瓜蒂、瓜脐部位向里凹入，藤柄向下贴近瓜皮，近蒂部颜色青绿，这些都是西瓜成熟的标志。将整个西瓜用保鲜膜包裹好放在冰箱中，可减少水分蒸发和营养流失。

柿子

清热生津、涩肠止痢、健脾益胃

主要成分：蔗糖、葡萄糖、果糖、蛋白质、胡萝卜素、维生素C、瓜氨酸，以及碘、钙、磷、铁、锌等矿物质。

选购与贮存：柿子以外形较大、体形规则、有点方正，表皮颜色鲜艳、无斑点、无伤疤、无裂痕的柿子为佳。此外，可用手轻轻触摸柿子表面，若其软硬度分布均匀，没有出现局部较硬的情况则为好柿子。应将柿子轻轻装入篓、筐等容器内，放于阴凉通风处保存。

哈密瓜

利便、益气、清肺热、止咳

主要成分：糖类、纤维素、苹果酸、果胶、多种维生素以及钙、磷、铁等矿物质。

选购与贮存：绿皮和麻皮的哈密瓜成熟时，头部顶端会变成白色；黄皮的哈密瓜成熟时，顶部会变成鲜黄色。不同品种的哈密瓜，根据顶端颜色就可以断定成熟的程度。哈密瓜应轻拿轻放，不要碰伤瓜皮，否则很容易变质腐烂，无法储藏。

附录三：蔬果汁中的其他材料图鉴

牛奶

补虚损、益肺胃、生津润肠

主要成分：水、脂肪、蛋白质、乳糖、无机盐，以及钙、磷、铁、锌等矿物质。

选购与贮存：选择市售的牛奶时，注意看生产日期即可。鲜牛奶应该立刻放置在阴凉的地方，最好是放在冰箱里。不要让牛奶曝晒或被灯光照射，且不宜冷冻，放入冰箱冷藏即可。

酸奶

生津止渴、补虚开胃、润肠通便、降血脂

主要成分：B族维生素及钙、铁、磷等矿物质。

选购与贮存：选择市售的酸奶时，要注意看生产日期。酸奶中的活性乳酸菌在0～7℃的环境中会停止生长，但随着环境温度的升高，乳酸菌会快速繁殖、快速死亡，这时的酸奶就成了无活菌的酸性乳品，其营养价值也会大大降低。酸奶最好在开启后2小时内饮用完。

豆浆

补虚、清热、通淋、利大便、降血压

主要成分：植物蛋白，以及钙、磷、铁、锌等矿物质。

选购与贮存：在选购豆浆时，应从色泽、组织状态、气味、味道等几方面进行鉴别。优质豆浆呈均匀的乳白色或淡黄色，有光泽；浆体质地细腻，无结块；有豆香气，无其他异味；口感纯正滑爽。应在室温下等待豆浆自然冷却，然后再把豆浆放进冰箱里保存。

蜂蜜

润肺止咳、润燥通便、解毒、护肝

主要成分：葡萄糖、果糖、多种有机酸、蛋白质、多种无机盐、维生素B_1、维生素C、维生素D、维生素E、氧化酶、还原酶、过氧化酶、淀粉酶、酯酶、转化酶等。

选购与贮存：蜂蜜以含水分少、有油性、稠和凝脂、味甜而纯正、无异臭及杂质者为佳。将蜂蜜放铁桶或罐内盖紧，置于阴凉干燥处，宜在30℃以下保存，防尘、防高温。

薄荷

清新怡神、疏风散热、帮助消化

主要成分：蛋白质、纤维素、热量、薄荷脑、薄荷酮、樟烯、柠檬烯等。

选购与贮存：选购新鲜的薄荷时，应以枝叶繁茂、叶子绿色的为宜。新鲜的薄荷宜包入塑料袋中，放入冰箱冷藏；或放入制冰盒，作成冰块保存。干燥的薄荷可放入密封罐或保鲜盒中，放在干燥、阴凉、通风处保存。

枸杞

补精气、滋肝肾、坚筋骨、明目

主要成分：甜菜碱、胡萝卜素、烟酸、枸杞多糖、维生素B_1、维生素B_2、维生素C、钙、磷、铁、亚油酸、氨基酸等。

选购与贮存：选购时，不要挑选颜色过于鲜红的枸杞，这种枸杞很有可能是商家为了长期贮存而用硫黄熏过的，误食之后会对健康有危害。挑选枸杞时要以颗粒大、外观饱满、颜色呈红色的为佳。

黑芝麻

强身健体、补肝益肾、润肠道

主要成分：脂肪、蛋白质、糖类、维生素A、维生素E、卵磷脂、钙、铁、铬等。

选购与贮存：选选购时，先看里面是否掺有杂质、砂粒；然后，将一小把黑芝麻放在手心里，搓一下，看是否会掉色，闻闻是否新鲜。家庭贮藏黑芝麻时要密封，并放在干燥、通风处。

生姜

发散风寒、化痰止咳、温中止呕、解毒

主要成分：蛋白质、多种维生素、胡萝卜素，以及钙、铁、磷等矿物质。

选购与贮存：宜选择修整干净，不带泥土、毛根，不烂，无蔫萎、虫伤，无受热、受冻现象的生姜。可用报纸将其包好放在冰箱的冷藏室内，需注意冷藏室的温度不宜过低。